做个能成大器的人

# 藏拙的智慧

展示你最好的一面

孙郡锴◎编著

中国华侨出版社

图书在版编目（CIP）数据

藏拙的智慧/孙郡锴编著．—北京：中国华侨出版社，2009.2
ISBN 978-7-80222-852-8

Ⅰ.藏… Ⅱ.孙… Ⅲ.人生哲学—通俗读物 Ⅳ.B821-49

中国版本图书馆 CIP 数据核字（2009）第 017225 号

● 藏拙的智慧

编　著/孙郡锴
责任编辑/文　心
封面设计/纸衣裳书装
责任校对/钱志刚
经　销/新华书店
开　本/710×1000 毫米　1/16　印张 16　字数 260 千字
印　刷/北京一鑫印务有限责任公司
版　次/2009 年 4 月第 1 版　2019 年 8 月第 2 次印刷
书　号/ISBN 978-7-80222-852-8
定　价/32.00 元

中国华侨出版社　　北京朝阳区静安里 26 号通成达大厦 3 层　　邮编 100028
法律顾问：陈鹰律师事务所
编辑部：（010）64443056　　64443979
发行部：（010）64443051　　传真：64439708
网　　址：www.oveaschin.com
e-mail：oveaschin@sina.com

# 前 言

如今这个社会,很多人都很爱"秀",什么事都喜欢"秀"一把,却忽略了"藏拙"的重要作用。其实,无论客观条件还是主观因素的限制,每个人都会遇到自己不了解、不擅长、无可奈何、不知所措的情况和问题,这时,"藏拙"是最行之有效的对策和手段。学会"藏拙",并不意味着抱残守缺,不思进取,而是要充分了解自己的缺陷不足,找到适合自己的方向、位置而加倍努力,将长处发挥到极致,一步步走向成功,这才是"藏拙"的最终目的。

藏拙意味着"高"而"深藏不露"。"高"是"藏"的前提,而这"深藏不露",也使得这种"藏拙"具有了特殊的魅力。

那么,到底什么是藏拙呢?藏拙——隐藏拙劣,不以示人,不仅是处理问题时扬长避短的机智之法,更是人生中不可或缺的一种大智慧,能否灵活掌握和运用它,有时关乎一个人的成败。

藏拙，是化拙的捷径。藏拙是为了不拙，藏拙的目的一是为了不露怯，二是为了不出错，三是为了化拙为巧。把愚化为智是为大智若愚，由拙化为巧是为大巧若拙。有拙不以为拙，不仅不藏甚至还要卖弄其拙，这样的人是不可能成功的。

藏拙是一种优雅的人生态度。它代表着豁达，代表着成熟和理性，它是和含蓄联系在一起的，它是一种博大的胸怀、超然洒脱的态度，也是人类个性最高的境界之一。

善于藏拙的人并不是与世隔绝，而是在社会交往中保持了一个真实的自我，他们不矫揉造作，他们不惺惺作态，这使他们在这个充满诱惑的世界上不至于迷失自我，易于被人接受。

一个人应该和周围的环境相适应，适者生存。曲高者，和弥寡；木秀于林，风必摧之；人浮于众，众必毁之。善于藏拙才能保持一颗平常的心，才不至于被外界所左右，才能够冷静，才能够务实，这是一个人成就大事最起码的前提。

总而言之一句话，会藏拙是一门精深的学问，也是一门高深的艺术。本书撷取了古今中外众多善于藏拙的事例典范，同时也列举了一些因张扬和卖弄而导致失败的例子，广大读者在欣赏生动精彩的范例的同时，定能体会到藏拙的智慧。

# 目 录

## 一、藏拙是安身立世的根本

藏拙是安身立世之根本，可以让人在卑微处安贫乐道，可以让人在显赫时持盈保泰。藏拙者是人中的智者，无论何时何地，他们都可以屈伸自如，攻守有度。因此，他们常常会胜人一筹。

能够取得很大成就的人，通常都是做人的典范。在他们身上积聚了无穷的能量，而其中最重要的就是为人处世的藏拙智慧。

善于藏拙万事顺 ……………………………………………… 2
"不争"也是一种藏拙 ………………………………………… 4
宽广胸襟才能安身立世 ……………………………………… 7

塑造一个易为人接受的性格……………………………………… 10

摆架子，别人会不认识你……………………………………… 13

吃得苦中苦，方为人上人……………………………………… 16

## 二、知人者智，自知者明

乔叟说："自知的人是最聪明的。"人贵有自知之明，老子说："知人者智，自知者明。胜人者力，自胜者强。"这显然是把自知和自胜放在更高的层面上来评价的。没有自知，不能自胜。每个人都要认识自己，通过各种方法了解自己，找准自己的位置和方向。

真正了解自己的才是智者……………………………………… 20

愚者谋己，智者谋人…………………………………………… 23

淡看名利，耐住自己的本性…………………………………… 25

怨恨他人等于荼毒自己………………………………………… 29

骄矜的人无知，自知的人智慧………………………………… 32

明智者当明察自己的不足……………………………………… 35

风紧扯呼，风松再来…………………………………………… 37

## 三、献丑不如藏拙

《阴符经》上说："性有巧拙，可以伏藏。"它告诉我们，善于伏藏是事业成功和克敌制胜的关键。一个不懂得伏藏的人，即使能力再强，智商再高，也难以战胜敌人。因此，你要藏住自己的弱点，不给对方乘虚而入的机会，露出自己的长处，给对方以有力的威慑。这便是藏巧于拙，糊涂做人的重要性。

有所为有所不为 …………………………………………… 42
小事糊涂，大事聪明 …………………………………… 45
藏起你的锋芒来 ………………………………………… 48
赞美别人，就是肯定自己 ……………………………… 51
择高处立，向宽处行 …………………………………… 54
河流之所以能够到达目的地，是因为它懂得怎样避开障碍 …… 58
吃亏未必是坏事 ………………………………………… 61
不争锋芒，越安全越好 ………………………………… 64

## 四、学会隐忍和让步

生活中离不开忍让，英雄等待出头之日，而要忍让。忍让中具有道德、智慧，忍让中具有真善美。在忍让中不觉得苦，不觉得累。所以，忍让是一个人生存的第一能力，能屈能伸方为大丈夫本色！生活中，我们都需要忍让，都要学会忍让。

出头的椽子先烂 ………………………………………… 68

好汉宁吃眼前亏 …………………………………… 71
能够忍辱的人有后劲 ………………………………… 73
忍耐是一笔宝贵财富 ………………………………… 76
忍中有气量，也有力量 ……………………………… 78
咽下一口气问题自然解决 …………………………… 82
让步为高　宽人是福 ………………………………… 84
有顺有让，处世之道 ………………………………… 86
为了不"折"，弯一下腰又何妨 ……………………… 89
不斤斤计较就是一种豁达 …………………………… 92

## 五、该糊涂时就不要认真，该妥协时就一定让步

要做到难得糊涂，必须要做到"该糊涂时糊涂，不该糊涂时决不糊涂"。人生难得糊涂，贵在糊涂，乐在糊涂，成在糊涂。所以掌握了难得糊涂，会使你恍然顿悟，会带给你一种大智慧，会让你获得一种前所未有的达观和从容。

贵在"难得糊涂" …………………………………… 98
该清醒时要清醒 ……………………………………… 100
过刚的易衰，柔和的长存 …………………………… 102
太过于欣赏自己的人，永远看不清自己 …………… 105
记住该记住的，忘记该忘记的 ……………………… 108
不为无法改变的事而痛惜 …………………………… 111
不知道而硬装作知道是一种病态 …………………… 114
管得住自己，才能成就大事业 ……………………… 117

成大事者，须"退而结网" …………………………………… 119
不争而争　后来居上 ……………………………………… 122

## 六、藏拙于内求教于外

一个人过于显露出自己高于一般人的才智，往往会对自己不利，甚至招来外力的攻击。聪明人大都才华不外露，锋芒内敛；善于权大小，重长远，趋大利，不争一时的先后、长短；善于控制、调节自己，目光远大，自信心强。这类人往往大智若愚，善于藏拙，返璞归真，真人不露相。

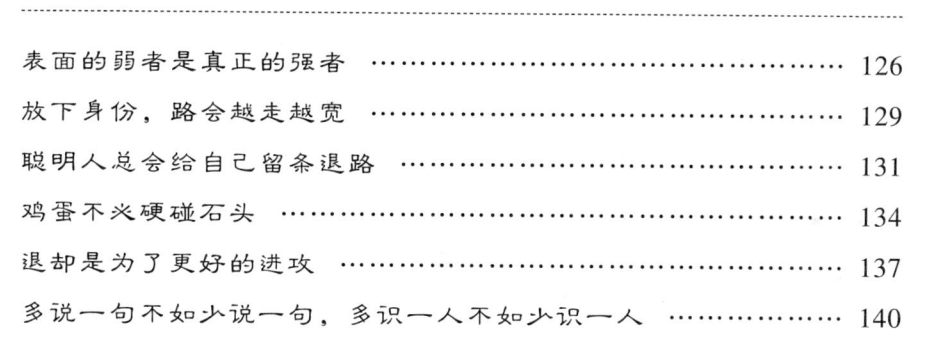

表面的弱者是真正的强者 ……………………………………… 126
放下身份，路会越走越宽 …………………………………… 129
聪明人总会给自己留条退路 ………………………………… 131
鸡蛋不必硬碰石头 …………………………………………… 134
退却是为了更好的进攻 ……………………………………… 137
多说一句不如少说一句，多识一人不如少识一人 ………… 140

## 七、不做自己不擅长的事

　　如果你想适应这个社会，在这个社会生存，就必须学会面对一切困难。只有相信自己、了解自己、认识自己，才能用百倍的勇气与信心来战胜各种障碍。虽然认识自己是很困难的，然而作为一个想成就一番事业的人，对自己先要有个正确的认识，这是最起码的要求。认识自己，无论什么事情都要切实地去做，好高骛远的想法必须排除。如果仅仅为了面子，不顾自己的特点，不自量力地去做自己不擅长的事，终将失败。

找到自己的长处 …………………………………………… 144
发挥你的最大优势和潜能 ………………………………… 146
做自己的主人，掌控自己的命运 ………………………… 150
不要受毁誉褒贬之左右 …………………………………… 152
韬晦隐忍是手段，待机求成才是目的 …………………… 154
只有推动自己才能推动世界 ……………………………… 158
目标在于实现，不在于高远 ……………………………… 161
找到发挥自己优势的最佳位置 …………………………… 163

# 八、凡事有度，一切适可而止

适可而止，见好便收，是历代智者的忠告，更是一门处世的艺术。

世事如浮云，瞬息万变。不过，世事的变化并非无章可循，而是穷极则返，循环往复。人生变故，犹如环流，事盛则衰，物极必反。生活既然如此，做人处世就应处处讲究恰当的分寸。过犹不及，不及是大错，太过是大恶，恰到好处的是不偏不倚的中和。基于这种认识，中国人在这方面表现出了高超的处世艺术。中国人常说："做人不要做绝，说话不要说尽。"廉颇做人太绝，不得不肉袒负荆，登门向蔺相如谢罪。郑伯说话太尽，无奈何掘地及泉，隧而见母。故俗言道："凡事留一线，日后好见面。"凡事都能留有余地，方可避免走向极端。特别在权衡进退得失的时候，务必注意适可而止，尽量做到见好便收。

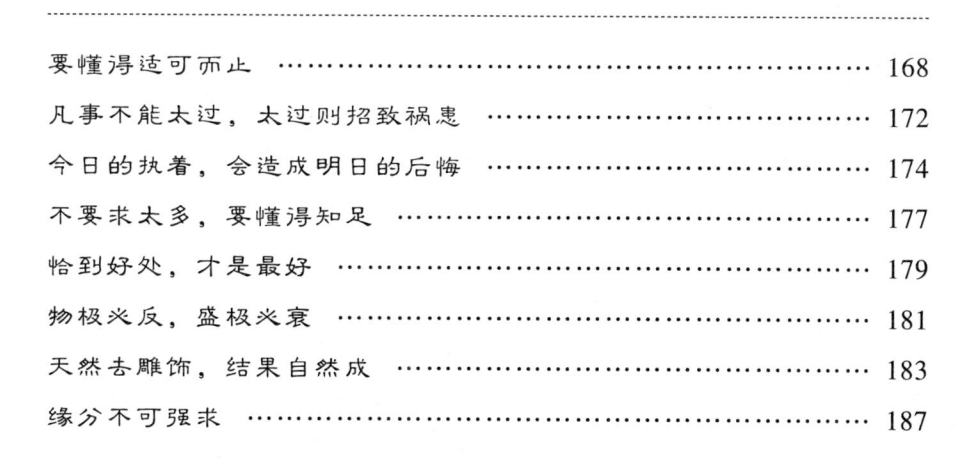

要懂得适可而止 …………………………………… 168
凡事不能太过，太过则招致祸患 ………………… 172
今日的执着，会造成明日的后悔 ………………… 174
不要求太多，要懂得知足 ………………………… 177
恰到好处，才是最好 ……………………………… 179
物极必反，盛极必衰 ……………………………… 181
天然去雕饰，结果自然成 ………………………… 183
缘分不可强求 ……………………………………… 187

# 九、低调做人智慧行事

　　有人说人生最重要的两件事，一为做人，一为办事。实际上，做人就是在办事，只有做人做得明白，办事才能干净利落，左右逢源。办事的手段有多种，首先要低调做人。以情动人胜于以理服人，开口求人胜于命令他人，以利劝人胜于以势压人。让他人有优越感，有面子，把成功的结果留给自己，这才是真正的智者所为。

低姿态才能为自己保留一席之地 …………………………… 192

低姿态生活，高境界做人 …………………………………… 194

能够把自己压得低低的，那才是真正的尊贵 ……………… 197

"无心恋权"，穷奢极欲也平安 ……………………………… 199

低头不是倒下和毁灭 ………………………………………… 201

虚怀若谷，谦虚做人 ………………………………………… 203

玩弄机巧，不如向平实处努力 ……………………………… 206

高步立身，退而处世 ………………………………………… 209

不要显得比别人聪明 ………………………………………… 210

成全别人的好胜心 …………………………………………… 212

## 十、由愚化智大智若愚，由拙化巧大巧若拙

古语云：大智若愚，大巧若拙。这句话的大概意思是拥有大智慧的人往往都表现得很愚钝，身手很灵敏的人往往都表现得很笨拙。其实，这是一种境界。人生中适当地"傻"一下是一种美德，也是一种智慧。

| | |
|---|---|
| 有所失才能有所得，有所拒才能有所取 …………………… | 216 |
| 肯舍得才能有获得 ………………………………………… | 220 |
| 舍弃眼前的诱惑才有最后的辉煌 …………………………… | 223 |
| 固执的人不会明白事理，狂妄的人不会通情达理 ………… | 225 |
| 自藏风头保平安 …………………………………………… | 229 |
| 君子才华勿太露 …………………………………………… | 232 |
| 人本是人，不必刻意去做人；世本是世，无须精心去处世 …… | 235 |
| 能输得起，才能赢得彻底 …………………………………… | 239 |

# 一

# 藏拙是安身立世的根本

　　藏拙是安身立世之根本,可以让人在卑微处安贫乐道,可以让人在显赫时持盈保泰。藏拙者是人中的智者,无论何时何地,他们都可以屈伸自如,攻守有度。因此,他们常常会胜人一筹。

　　能够取得很大成就的人,通常都是做人的典范。在他们身上积聚了无穷的能量,而其中最重要的就是为人处世的藏拙智慧。

## 善于藏拙万事顺

观诸众生,是佛化身,观于自身,为实愚夫;观诸有情,作尊贵想,观于自身,为僮仆想,又观众生,作父母想,观自己身,如男女想。出家菩萨常作是观,或被打骂,终不加报,善巧方便,调伏其心。

——《大乘本生心地观经·无垢性品》

面对物欲横流的世界,做人难,做一个善于藏拙的人更难,难于从躁动的情绪和欲望中稳定心态;藏拙是一种修为,是一种对人生的理解,必须把自己调整到以一个合理的心态去踏踏实实做人。当然这其中包含了很多值得人们好好品味的内容。

首先,在行为上要藏拙,"才大不可气粗,居高不可自傲"。做人不能太精明,例如:《红楼梦》中的王熙凤"机关算尽太聪明",乐极生悲。

其次,在心态上要藏拙,不要锋芒毕露,不要恃才傲物,要知道谦逊是终生受益的美德。

第三,在姿态上要藏拙,"大智若愚,实乃养晦之术",毛羽不丰时,要懂得让步;时机未成熟时,要挺住。所谓"高处不胜寒",藏拙也未尝不是件好事。

第四,在言辞上要藏拙,说话时莫逞一时口舌之快,不可伤害他人自尊,不要揭人伤疤,得意而不忘形,要知道祸从口出,没必要自惹麻烦。

藏拙，不是指低声下气，奴颜婢膝，而是指要始终把自己当成普通一分子，使自身融入到大众中去，融入到社会中去，不追名逐利，不自命不凡，为人处事不张扬。

没有人不期望自己有更多的朋友，没有人不期望自己得到更多尊重，没有人不期望自己成就更多事业，没有人不期望自己有更好的生活品质。

在我们的日常生活中，形形色色、各式各样的人都有，与人相处，无论是生活中还是工作中，只要你稍微有点处理不当，就很有可能招来不少麻烦。轻者，工作不愉快；重者，影响自己的职业生涯。因此，在与人相处的艺术中，藏拙相当重要，特别是在与小人的相处中，更加重要。

学会藏拙就是不要把自己的心理能量浪费在无谓的人际斗争中，即使你认为自己的能力比别人强，即使你认为自己满腹才华，也要学会保留，学会隐藏，学会克制，这是保护自己的有效手段，也是一种能量的内敛。不招人嫌、不卷进是非、不招人嫉妒、无声无息地把自己要做的事情做好，出色地完成自己的任务，永远都是最重要的事情。我们不要抱怨自己的功绩成了别人的功德，不要抱怨自己怀才不遇，不要自视清高，不要招摇过市，那是一种肤浅的行为。我们要相信：我们还有很多不懂的，不懂的比懂的多；我们同样要相信：世界上厉害的人比不如我们的人多。

作为年轻人，有冲劲，敢闯敢拼确实不错，但是什么事情都要有度，真理再向前一步就是谬论，凡事都是过犹不及，所以，我们应该时刻保持冷静，做人要藏拙。藏拙是一种境界，一种修炼。不要想着自己什么时候都是焦点，都是明星，有时候做一个默默无闻的、韬光养晦的人更合适。

美国开国元勋之一富兰克林年轻时，去一位老前辈的家中做客，昂首挺胸走进一座低矮的小茅屋，一进门，"嘭"的一声，他的额头撞在门框上，青肿了一大块。老前辈笑着出来迎接说："很痛吧？你知道吗？这是你今天来拜访我最大的收获。一个人要想洞明世事，练达人情，就必须时刻记住低头。"富兰克林记住了，也成功了。

藏拙，是一种品格，一种修养，一种胸襟，一种智慧，一种姿态，一种风度，更是一种谋略，是做人的最佳姿态。欲成事者必要宽容于人，进而为人们所接纳、所赞赏、所钦佩，这正是人能立世的根基。根基牢固，才有枝繁叶茂，硕果累累；倘若根基浅薄，便难免枝衰叶弱，不禁风雨。而藏拙就是在社会上加固立世根基的绝好姿态。藏拙，不仅可以保护自己、融入人群，与人们和谐相处，也可以让人暗蓄力量、悄然潜行，在不显山不露水中成就事业。

藏拙不仅是一种境界，一种风范，更是一种哲学。绝大多数成功者都或多或少受到过这一哲学思想的启示。

## "不争"也是一种藏拙

为无为，事无事，味无味，知无知，大小多少，报怨以德。

——老子

老子提倡返璞归真，而返璞归真不是有意逃避，也不是当做不做，而是以不做作、不执着的态度去做。无欲则刚，所以无为而无不为。无为其实是自由的另一种说法。

西方有言道，欲望使人盲目。欲望或希望就像无常鬼的绳子，绑着人这里、那里，无头苍蝇般地乱闯，一刻不得安宁，永不满足，乱纷纷，闹嚷嚷，不由自主、痛苦万分地演绎着人间闹剧。

从那些雄才大略，雄心壮志里面，老子看到的是无可奈何的不自由："将欲取天下而为之，吾见其不得已。"

所欲不会总是得遂，但欲望却永无休止，以不能总是得遂的结果去满足永无休止的欲望，最终必落得痛苦绝望，鲁迅说："绝望之为虚妄，恰如希望一样。"没有开始希望，绝望也无所谓了，所谓"退一步海阔天空"。抽身事外，不去争抢，不为功名利禄所动，把有所作为当作无所作为，把有事当作没事，把大事当小事，不挂在心上，不显摆，不自以为是，不自怨自艾，以善意对待仇怨，麻烦和绝望就不会找上门来。无欲无求，天下就没人能争得过你。

只要身心清净安乐，就能享受人生真正的快乐。但在现实生活中，却很少有人能做到这点。人们要么嫉妒别人，看不得别人比自己强；要么心生怨恨，很在意别人的说法、看法，一旦这些说法、看法和自己不一样，就生气、发火；要么在为钱为财蝇营狗苟，贪得无厌，很少能达到无欲无求的境地。

何谓嫉妒？当别人超过自己时，油然而生的一种酸溜溜的感觉，那就是嫉妒。别人长得比自己漂亮，心里会酸溜溜的；别人比自己健康，心里会酸溜溜的；别人比自己吃得好，心里会酸溜溜的；别人比自己穿得有品位，心里会酸溜溜的；别人住得比自己宽敞、舒适，心里会酸溜溜的；别人的女朋友（或男朋友）比自己的靓、酷、帅，心里会酸溜溜的；别人的成绩比自己的高，心里会酸溜溜的；别人的"乌纱帽"比自己的大，心里会酸溜溜的；别人比自己财大气粗，心里会酸溜溜的；别人开名车，自己却还骑着自行车，心里会酸溜溜的；别人出国留学，自己不能，心里会酸溜溜的。总之，只要别人过得比自己好，心里就难过。

嫉妒不仅是一种负面的、消极的、有害的心态，而且是一种心理疾病。嫉妒心越强，说明其心理越脆弱。他不能确定自己的位置和目标，总是把自己同别人相比，无法从生活和工作中发现自己真正的价值。因此，常常处在压抑、焦虑不安、怨恨烦恼、患得患失的心境中，得不到片刻祥和、宁静。因此，嫉妒就像一把双刃剑，既使别人受到伤害和痛苦，也使自己处在频繁的心理刺激和压力下，造成神经系统失调，影响心血管及许多脏器的功能，进而导致心律不齐、高血压、冠心病、神经症、胃及十二指肠溃疡的发生，严重的还将诱发某些精神病，出现早衰。

那么如何消除嫉妒心理呢？人得如己得，随喜功德——恭喜、祝贺超过自己的人，进而见贤思齐，取长补短。这样，岂不皆大欢喜？关键是要有真诚的爱心。爱是恒久忍耐，又有慈悲；爱是不嫉妒，不做害人的事；爱是但愿你过得比我好，爱使灰冷的心田温暖，使无望的沙漠中开放出一片希望的绿洲；爱是付出，也是得到。爱护众生的人有福了，慈悲的人有福了。

由嫉妒产生的愤怒也是一种负面的、消极的、有害的心态，是一种伤害身心的"火气"，是一种渗透到内心深处的对立情绪，它令人对微不足道的事情剑拔弩张。科学家们确信，正是这种对立情绪导致心血管病的爆发。列·乌伊尔扬姆斯医生的研究证明：经常生气、发火，会对人的身心产生不良影响，还可能导致动脉甚至免疫系统受损。

因此，近代高僧印光法师早就告诫我们："瞋心一起，于人无益，于己有损；轻亦心意烦躁，重则肝目受伤。须令心中常有一团太和元气，则疾病消灭，福寿增崇矣。""今既知有损无益，宜一切事当前，皆以海阔天空之量容纳之。"

还有一种负面的、消极的、有害的心态，那就是贪心。造假行骗是因为贪，受骗上当是因为贪。圈套、陷阱、笼子都是为贪得无厌者而设。如果不加以适宜的引导和制约，小则害人害己，大则害国害民。医学家指出，贪得无厌者往往是极其虚伪的人，自欺欺人，使自己的精神处于紧张状态，处于焦虑不安和烦恼中，加重了身心的负担。长此以往，会造成机体生化代谢和神经调节功能的紊乱，造成内伤，损害健康，损福折寿。这绝不是危言耸听。

因此，"大"不可贪，"小"亦不可贪，贪小则失大。

也许有人认为，许多事情只是一些细节、小事，然而，正是这些所谓的"小事"，成为塑造人格和积累诚信的关键。贪小便宜、要小聪明的行为，只会把自己定格为一个贪图小利、没有出息的人的形象，最终因小失大。中国有"勿以恶小而为之"的古训，很值得记取。

# 宽广胸襟才能安身立世

江海之所以能为百谷之王，以其善下之，故能为百谷之王。是以圣人欲上民，必以言下之。欲先民，必以身后之。是以圣人处上而民不重，处前而民不害。是以天下乐推而不厌。以其不争，故天下莫能与之争。
——老子

海纳百川，有容乃大。江海之所以能成为百谷之王，是因为身处低下。要想拥有百川的事业和辉煌，首先要拥有容得下百川的心胸和气量。

五代时，骁将王景有勇无谋，凭一身武艺为梁、晋、汉、周四朝效力，做到了节度使，宋初封太原郡王，死后追封岐王。他的几个儿子也和他一样，骑射之外别无所长。大儿子王迁义跟随宋太祖打天下，功不大，官不高，却自以为了不起，好夸海口，经常抬出他父亲的大名来炫耀，逢人便宣称"我是当代王景之子！"人们听着好笑，都称他为"王当代"。

从整个社会来讲，还是得有人管理、有人做官。问题是对做官者来说，要注意的是，忘记地位也就是放低自己，真正地把自己视为普通人，不要把自己放在别人之上，觉得自己高人一等。

据《战国策》记载：魏文侯太子击在路上遇到了文侯的老师田子方。击下车跪拜，子方不还礼。击大怒说："真不知道是富贵者可以对人傲慢无礼，还是贫贱者可以对人骄傲？"田子方说："当然是贫贱的人对人可以傲慢，富贵者怎敢对人骄傲无礼？国君对人傲慢会失去政权，大夫对人傲慢会失去领地，只有贫贱者计谋不被别人使用，行为又不合于当权者的意思，到哪里都是贫贱，难道他还会怕贫贱？会怕失去什么吗？"太子见了魏文侯，就把遇到田子方的事说了，魏文侯感叹道："没有田子方，我怎能听到贤人的言论？"

即使成名成家也要谦和礼让，一方面，名是相对的，知识是无止境的，满招损，谦受益；另一方面，如果你居功自傲，狂妄自大，别人也会不理你那一套。因此狷狂必忍，否则害人害己。

如何忍傲忍狂，王阳明认为：狷狂、傲慢的反面是谦逊，谦逊是对症之药，真正的谦虚不是表面的恭敬，外貌的卑逊，而是发自内心地认识到狷狂之害，发自内心地谦和。自我克制，审明进退，虚心接受别人的批评指正，虚以处己，礼以待人。不自是，不居功，择善而从，自反自省，忍狂制傲，方可成大事。

我们需要学会宽容，"容人须学海，十分满尚纳百川"，懂得宽容待人的好处。宽容待人，就是在心理上接纳别人，尊重别人的处世原则，理解别人的处世方法。我们要接纳别人的长处，同时，也要接纳别人的短处、缺点与错误。只有这样，我们才能真正地和平相处。

宽容代表着一个人的美好心性，也是最需要加强的美德之一。俗语讲，眉间放一"宽"字，自己轻松自在，别人也舒服自然。宽容是一种豁达的风范，也许只有拥有一颗宽容的心，才能坦然面对自己的人生。

宽容就是在别人和自己意见不一致时也不要勉强。因为任何的想法都有其来由，任何的动机都有一定的诱因。了解了对方的想法，找到他们意见提出的基础，就能够设身处地地接受对方的意见。

每个人都有犯错的时候，如果执着于过去的错误，就会不信任、耿耿于怀、放不开，并且限制了自己的思维，也限制了对方的发展。即使是背叛，也并非不可容忍。能够承受背叛的人才是最坚强的人，也将以他坚强的心志在氛围中占据主动，以其威严更能够给人以信心、动力，因而更能够防止或减少背叛。

宽容是一种幸福。我们在宽恕别人的同时，给了别人机会，也取得了别人的信任和尊敬。所以说，宽容是一种看不见的幸福。

宽容更是一种财富。拥有宽容，就拥有了一颗善良而真诚的心。这是易于拥有的一笔财富，它在时间推移中升值，它会把精神转化为物质。选择了宽容，便赢得了财富。

因此，只有用一种比大海还要宽广的胸怀去对待人生、对待他人，生活才会变得更精彩。

## 塑造一个易为人接受的性格

月盈则亏，履满者戒。　　　　　　　　——《菜根谭》

性格是天生的和从小养成的，性格一旦塑造成型便很难再改变。所以，当我们走上社会，发现自身的很多性格特点不利于自身的发展时，往往会感叹：唉，这是天性，我对自己也没有什么办法呀。

显然，这是在为自己寻找借口。一般而论，内向和外向的人都有着属于自己的交际优势与劣势。由于性格缺陷，使得交往存在一些障碍，常见的性格缺陷及其障碍有：

①自我封闭的性格缺陷。具有这种性格特征的人，往往会人为地封闭自己，不与他人交往，把一切都闷在心中不吐露出来。这种封闭性格的人，如不及时纠正则会变得寂寞、心事重重、多疑而怪僻，严重影响自己与他人的交往和合作。

②社交恐惧型的性格缺陷。这种性格的人在交往中心存恐惧，有说话结巴面红耳赤、语无伦次甚至浑身抽搐等状况。这种性格的人在交往中会无形地隔离了群体，把自己隐藏起来，从而变得忧郁、苦闷、自责甚至自伤。

③缺乏自信型性格缺陷。这种类型的人在交往中缺乏自信，对结果缺乏勇气面对，失去争取成功的信心，不敢正视现实，想到的是更多的困难和失败，因而没有与人交往的勇气和信心。

④嫉妒型性格缺陷。这种性格缺陷的人在交往中生怕别人比自己强,因而心存嫉妒,想方设法置对方于不利地位。这种人的心里容不得别人,最终也毁了自己。

⑤沮丧自卑型性格缺陷。这种类型的人常常心情沮丧、自卑,常常有莫名的焦虑、忧郁等心情,不能进行正常交往,从而难以与人沟通。

这五点性格缺陷都是影响与人交往的障碍。只有认清自己的性格特征,努力克服存在的性格缺陷,才能完善自己的性格,在交往中求得与他人更好的合作。

热忱、开朗的性格也可以说是开放型性格。所谓开放型性格,就是密切注视外部世界,积极进行社会交际,并且及时吸收社会上一切有益的新的观念、新的思潮和新的信息;就是喜欢与人交往,待人热情,坦诚相见,积极与人进行信息的交流,情感的交流。在开放型的社会中,开放型性格是使我们适应时代变化、跟上社会发展的重要条件。试问,若是一个人待人接物缺乏热情,不开朗,而且冷冰冰的、吞吞吐吐,那么,还会有人愿意与他(她)交往吗?那些朋友遍天下,到哪儿都不寂寞孤单的人,往往都是待人热情、开朗的人。正是热忱、开朗的性格使他们赢得了好人缘。中国有句俗语,"多一个朋友,多一条道",当今社会,一个人的成功,必须有别人的合作、有朋友的帮助。正是在这个意义上,好的人缘、和谐的人际关系,对双赢人生起着决定性的意义。而热忱开朗的性格对好人缘的形成至关重要。

几位研究人员同时给2000名企业经理寄出一份问卷"请查阅你公司最近解雇的三名员工的资料,然后回答:你为什么要他们离开?"调查的结果令这几位研究人员惊讶不已,无论工种是什么,地区在哪里,有2/3的答复是:"他们是因为与别人相处不好、没有好人缘而被解雇的。"

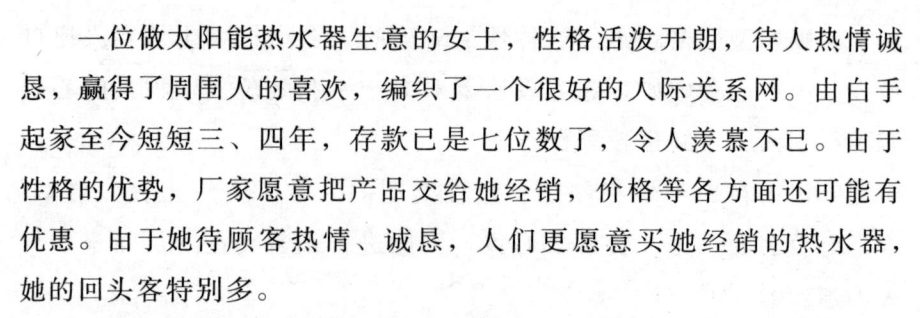

一位做太阳能热水器生意的女士,性格活泼开朗,待人热情诚恳,赢得了周围人的喜欢,编织了一个很好的人际关系网。由白手起家至今短短三、四年,存款已是七位数了,令人羡慕不已。由于性格的优势,厂家愿意把产品交给她经销,价格等各方面还可能有优惠。由于她待顾客热情、诚恳,人们更愿意买她经销的热水器,她的回头客特别多。

现在,由于市场经济大潮的冲击,金钱在人们生活中占有的位置变得非常重要,于是不少人在抱怨人情的淡漠、世态的炎凉。但在怨天尤人的同时,又是否检视了自身的因素,特别是性格上的缺陷?你是否坚持了以热忱、开朗的态度待人?为什么有的人朋友特多、人缘特好,而充分享有了人情的温暖、和谐的人际关系;有的人就比较孤独寂寞、到处碰壁呢?这里有性格的原因,更有待人接物的态度起的作用。

待人接物,处世为人要热忱、开朗、敞开心扉坦诚相见。在高速发展的现代社会,完成一项工作最讲究的是效率。你的性格过分内向,就会妨碍和他人的正常交往,并给工作带来许多不利。比如说,两个人在一起交流思想,如果一方说话时保留的成分很多,那么,另一方就不能对他有一个全面的了解,因而就会给今后的相互协作带来困难。人们在性格上要追求和时代相适应的"开放美",敞开心灵,坦诚相见,不要使自己城府太深,人为地造成人与人之间的隔膜,削弱人与人之间感情联系的纽带。没有良好的人际关系,没有好人缘、何谈双赢人生!

# 摆架子，别人会不认识你

> 过满则溢，过刚则折。　　　　　　——《菜根谭》

一个人能够取得权力和荣誉是不容易的，但是如果一味地沉浸在自己的荣耀里，傲视众生，却无所作为，到最后必定会连本带息一起输个精光。

自傲的人往往惹人讨厌，若因为身居高位便扬扬自得，摆出副目中无人的模样，则离走下坡路就不远了。高傲者纵然有功绩，也会令人唾弃。

在南美独立运动期间的一个冬天，在某兵营的工地上，一位班长正指挥几个士兵安装一根大梁："加油，孩子们，大梁已经移动了，再使把劲，加油！"一个衣着朴素的军官路过这里，见状问班长为何不动手干。"先生，我是班长。"班长骄傲地回答说，"噢，您是班长。"军官重复了一遍，随后下马和士兵们一起干了起来。

大梁装好后，军官对班长说："班长先生，如果您还有什么同样的任务，并且还需要更多的人手，您就尽管吩咐总司令好了，他会再来帮助您的士兵的。"班长愣住了。原来这位军官就是南美大陆独立运动的著名领袖和统帅西蒙·玻利瓦尔。

越是摆架子，挖空心思地想得到别人的崇拜，你越不能得到它。能否获得别人的崇拜取决于值不值得别人尊重，有无虚怀若谷的胸襟。想靠巧取豪夺是不成的。你得名副其实，且有耐心等待才成。

越重要的职位越要求你具备相应的威严和礼仪，不要摆架子，扮"黑脸"，翘尾巴。即便是国王，他之所以受到尊敬，也应该是由于他本人当之无愧，而不是因为他那些堂而皇之的排场及其他因素。

生活中有很多人，经常会有一种强烈的"身份荣耀感"，他们或以出生于一个良好家庭为荣，或以进入一所名牌大学读书为荣，或以有机会在国际大公司工作为荣……不能说这种种荣耀感是不正当的，但如果过分迷恋这些仅仅是因为身份带给你的荣耀，那么人生的境界就不可能太高，事业的格局就不可能太大，当他们陶醉于自己的所谓"成功"时，他们已经离真正的成功很远了。而真正的成功者能令一个家庭、一所学校、一家公司、一个省份、一个国家乃至整个人类以他为荣，而不是他以一个家庭、一所学校、一家公司为荣。

梁浩从一所名牌大学研究生毕业后进了一家公司，与他同时进公司的同事要么学历没他高，要么学的专业没他好，为此他很有优越感。当领导分配他做最基础的工作时，他立即觉得自己被大材小用了。一次，在结算时，他把一笔投资存款的利息重复计算了两次，虽然最终没有给公司造成实际损失，但整个公司的财务计划却被打乱了。事后，他却觉得就像做错了一道数学题，改正过来，下次注意就是了。他的这种态度让主管很不放心，以后再有什么重要的工作，总找借口把他"晾"在一边，不再让他参与了。没过多久，这位名牌大学毕业的高材生就与自己的第一份工作拜拜了。

梁浩不是败给了别人，而是败给了自己。

在现实社会中，有的人在获得成功后往往居功自傲、唯我独尊、狂妄自大，这种人个性意识一旦得到强化，轻则滋生骄傲自满的心理，重则无视国法，甚至走向自我毁灭。

富贵者、当权者本来就容易骄傲，看不起地位不如自己的人。

但是作为当权者，如果不能礼贤下士、虚心受教，他就可能因为自己的骄矜之气而失去政权，富贵者则可能因此失去自己的财势。

郭子仪是唐朝中期的名将，他在平定安史之乱等战役中立下了赫赫战功，因此，唐肃宗封他为汾阳郡王，唐代宗赏他誓书铁券，犯大罪可免死。唐德宗又赐号"尚父"，不称呼他的名字，表示尊崇。可是郭子仪始终不居功自傲，更不因为功高而要特权，代宗任命他为尚书令，他一再推辞说："这是过去太宗做过的官职，所以后来各朝都不设置此官衔，怎可让我来破坏这个传统呢？这些年来，由于战争，封赏官爵很滥，如今叛乱稍平，应当审查整顿吏治，请从我老臣做起。"代宗听他讲得有道理，这才作罢。郭子仪一贯拥护朝廷，尽力镇抚叛乱，为维护国家的统一作出了重大的贡献，所以裴垍评价他说："权倾天下而朝不忌，功盖一代而主不疑。"这就充分道出了郭子仪的功绩和为人。

不要把名利看得太重，把名利看得太重很容易钻牛角尖。因为得不到名利时会变得痛苦，得到名利时也会失去很多有价值的东西。有这样一句话说得好："宠辱不惊，看庭前花开花落；去留无意，望天上云卷云舒。"人生在世应该宠辱不惊，就像平静的海面，任凭风吹浪打，也是波澜不惊。得志时不会得意忘形，乐极生悲；失意时不会萎靡颓丧，一蹶不振。这样就不会有受挫折时的凄凉和得意时的狂热，可以排除干扰而专心朝着自己的目标去耕耘，正所谓"淡泊才能明志，宁静才能致远"。

# 吃得苦中苦，方为人上人

> 夫志当存高远，慕先贤，绝情欲，弃凝滞，使庶几之志，揭然有所存，恻然有所感；忍屈伸，去细碎，广咨问，除嫌吝，虽有淹留，何损于美趣，何患于不济。若志不强毅，意不慷慨，徒碌碌滞于俗，默默束于情，永窜伏于平庸，不免于下流矣。——诸葛亮

一个人唯有立下高远的志向，才可能在人生长路上，披荆斩棘奋勇向前。

若无高远的志向，司马迁又怎能在受了宫刑之后完成卷帙浩繁的《史记》呢？如果无高远的志向，勾践又怎能实现他的复国之梦呢？

人生是一本难以读懂的书，理想在远方召唤。我们必须奋发，必须上进，必须自信，必须认真，将这本书一页页读懂，然后一步步地走近理想。

人生是丰富的，志向当存高远。

如果司马迁一气之下，愤而自杀，我们今人又何得《史记》可看。我们不由得对司马迁的"大智"、"大忍"深深地折服。"忍"字头上一把刀啊，要忍精神与物质上的双重折磨，这需要何等的心志和决心。肉体之苦，也许能忍，但精神方面的苦痛又当是何等的痛彻肺腑。今人生活条件相比古人，有天壤之别，我们不要求每个

人都做司马迁，只要我们各安其职，做好自己的本职工作也就行了。

二十年，忍辱负重，难为了司马迁，也成就了司马迁。或者换言之，玉不琢不成器，成人不自在，自在不成人。从一种广义的、贯穿人生始终的教与育的眼光看，从古到今，凡成事者，成大事者，莫不受尽磨难，在磨难中完成自我教育，如此也水到渠成地成就了事业。

荀子说：木受绳则直，金就砺则利。千百年来，它不知鼓舞与造就了多少志士仁人。

勾践卧薪尝胆，以苦自励，精神固然可嘉。但勾践吃苦只是手段，最终打败吴国才是目的。胜利后他就不用再睡柴草，尝苦胆了。

在勾践眼里，苦就是苦，乐就是乐。人必须吃苦，但目的则是换回享乐。

生活中三百六十行，行行都可以出"绝活"。绝活就是对某种技艺出神入化的把握，这一般都需要经过艰苦的训练才能获得。有一些难度大的技艺，譬如武术中的二指神功、杂技中的高空钢丝表演、自由体操中的空中转体三周半倒立等，则需要经过长时间的苦练，且只有少数人才能完成。

"冬练三九，夏练三伏"。可以说成大器者都需经历这一阶段。在这一过程中，难免有苦不堪言、让人无法忍受的时候，但却是苦中有乐的。可谓苦字当前，乐在其中。而刻苦磨炼，掌握了真本领，更是其乐无穷。

人生的悲苦是无情的，如果用这种心境来看待人生，那耳目所接触到的全是悲苦，结果就使人产生悲观情绪，甚至酿成厌世自杀的悲剧。

有句歌词这样唱道："连浑圆美丽的西瓜，也在其中藏有辛苦的种子。"由此可见，世上的好事与坏事并存。辛苦，并不是只为一些特定的人在一定时期内所有。不管是否愿意，无论你多么叫人羡慕，或者你自己也觉得真幸福，都一定会有必须吃苦的时候，只是有早晚及轻重之别。

人如果不经过一番艰苦磨难，将来不可能有成就。古人云"吃得苦中苦，方为人上人"就是这个道理。

曾有这么一个故事，说人人都求菩萨，于是有人问菩萨，那你求谁保佑你呢？菩萨说了一句深刻的话：我求我自己——求人不如求己。自强也是一种智慧。

这就是菩萨的高明之处了。无论如何，如果借他人之手完成自己的事业，那当他人想诋毁你时，你一定没有能力阻挡。只有那些依照自己的主意办事的人，才真正可以做到左右逢源，否则也就只能是别人的附属品。

所以，在这个社会中，自立自强是最重要的，要用自己的头脑去分析事物的本质，让心灵主宰生活，而非生活主宰心灵。当别人诽谤你时，你依旧微笑观花；当别人赞美你时，你依旧认真读书，那么，你就是自己的主人了。

在佛祖面前，人人都是平等的，谁能潜心修行，谁就有可能成事。因此，不要惧怕别人的歧视，亦不必担心贫穷富贵。只要有坚忍的毅力，定能成功。

担当天下大任的人，上天必定苦苦地磨炼他的意志，使他的身体劳累，饥饿疲乏，生活穷困，并使他的每一行为总不能如意，借以震动其心，坚韧其性，增长他的能力。孟子的这句名言强调，历史上凡担当"大任"的人物，都要经过艰苦的磨炼，否则是难以有成就的。

# 二
# 知人者智，自知者明

乔叟说："自知的人是最聪明的。"人贵有自知之明，老子说："知人者智，自知者明。胜人者力，自胜者强。"这显然是把自知和自胜放在更高的层面上来评价的。没有自知，不能自胜。每个人都要认识自己，通过各种方法了解自己，找准自己的位置和方向。

## 真正了解自己的才是智者

知人者智，自知者明，胜人者力，自胜者强。　　　　——老子

善于体察别人的是智慧，能够认识自我的是高明，善于战胜别人的是有威力，能够战胜自我的是坚强。

了解别人，慧眼识人，这种人了不起，但识人有术，这里面有经验成分，唯有真正能够了解自己的人才是智者。

有一天孔子坐在教室里，曾参经过他的面前，于是孔子便叫住他："参！"曾参听到老师叫，回过头来，于是孔子便告诉他说："吾道一以贯之。"就是说，我传给你一个东西。

这"一以贯之"的是什么呢？如果说是钱，把它贯串起来还可以，这"道"又不是钱，怎么"一以贯之"呢？但曾子听了这句话以后，打了个拱说："是，我知道了。"孔子讲了这句话，自己又默然不语了。

同学们奇怪了，等孔子一离开，就围着曾参，问他跟老师打什么哑谜呢？夫子又传了些什么道给曾参呢？曾子没有办法告诉这些程度不够的同学，只得对他们说，老师的道，只有忠恕而已矣。做人做事，尽心尽力，对人尽量宽恕、包容。就此便可以入道了。

在这段言论中，孔子说"吾道一以贯之"，而曾子却自作聪明地解释为"忠"、"恕"两个方面，可见曾子并没有领悟老师的讲学内

容。但曾子不敢正视自己的不足，所以才说出了如笑话般的话。

在古希腊帕尔索山上的一块石碑上，刻着这样一句箴言："你要认识你自己。"卢梭称这一碑铭："比伦理学家们的一切巨著都更为重要，更为深奥。"显然，正视自己是至关重要的。

汉文帝是个很有作为的皇帝，他敬重老臣陈平、周勃，得到了他们的有力辅佐。而陈平和周勃也互相尊重，互让相位，成为以"谦让"为做人之本的典范。

一天，文帝到陈平家去探视。面对文帝的深切关怀，陈平非常感动，但也非常惭愧。他对文帝说："皇上您太仁慈了，但我却犯了欺君之罪。我对不起您对我的一片爱心啊！"原来，陈平并没有生病，而是装病。他不想当丞相，而是想把相位让给周勃。文帝问："为什么？"

陈平诚恳地说："高祖在时，周勃的功劳不如我；诛灭诸吕时，我的功劳不如周勃。所以我愿意把相位让给他，请皇上恩准。"

文帝听陈平如此说，理解听从了陈平的建议，决定任命周勃为右丞相，位居第一，任陈平为左丞相，位居第二。

文帝对国家大事非常重视。有一天汉文帝上朝时，想了解一下国家与人民百姓的事情，于是他就把右丞相周勃找来，问他："全国一年之中要审理、判决的大大小小案件一共有多少件？"周勃一听愣了一下，低着头，回答汉文帝说不知道。文帝又问："那么全国上下每年收入和支出的金钱又是多少？"周勃急出一身冷汗，汗水多得把脊背的衣服都弄湿了，因为他还是回答不出来。

汉文帝看周勃答不上来，就又问左丞相陈平，陈平说："这些事情都分别有掌管的人，问审理案子的事，有廷尉；问财务的事，有内史。只要把他们都找来，一问就知道了。"

文帝听后就生气了，说道："既然什么事情都有专人负责，那么丞相应该管什么呢？"

陈平毫不犹豫地回答："每个人的精力都是有限的，不可能事无巨细，每事躬亲。丞相的职责是：上能负责皇上，下能调理万事，对外能镇抚诸侯，对内能安定百姓。同时，丞相还要管理大臣，使他们都能尽到自己的责任。"

汉文帝听了点点头，对陈平的回答十分满意。

事后周勃感到非常羞愧，觉得自己反应、机智都不如陈平，于是借着生病想回家乡养老的理由，辞去右丞相的官职。

汉文帝非常理解周勃的心情，批准了他的辞呈，任命陈平为右丞相。从此以后，不再设立左丞相。

陈平辅佐汉文帝，励精图治，促成了汉朝的中兴。

智者做人总能正确认识自己的才能，并以自己的才能为基础，懂得"力所不及"和"过及"的辩证法则。真正认识自己并不是件容易的事。有人活了一辈子都不能认识自己，对别人认识得很清楚，把握得很准确，而对自己却不认识，也不能准确把握。也有人感叹自己不了解别人，却认为完全了解自己，这都是不能正确认识自己的表现。

"你要认识你自己"，就是说，包括认识自己的情感、气质、能力、水平、优缺点、品德修养和处世方式等，能对自己做出较为准确、恰如其分的估量和评价，不掩饰、不溢美。

"不识庐山真面目，只缘身在此山中"，认识自己，首先要自己跳出"庐山"，以旁观者的眼光分析和审视自己。功是功，过是过，不夸大，不缩小，实事求是，避免主观性和片面性。认识不足，才能克服缺点，推动自身进步。其次，通过与别人比较来认识自己。自我评价高或低，把自己放在年龄相似并较熟悉的人中间作比较，认识自己的实际水平及在群体中的地位，找到差距和努力方向。再者，通过交往征求别人意见，依靠朋友，向他们了解对自己的看法，从中总结自己。

在漫长的人生历程中,必须正确地认识自己。把自己估计过高,会脱离现实,守着幻想度日,怨天尤人,怀才不遇,结果小事不去做,大事做不来,一事无成;把自己估计过低,会产生强烈的自卑感,导致自暴自弃,明明能干得很好的事,也不敢去试,最后抱憾终生。可见,认识自己多么重要。倘若能正确认识自己,面临成功,不会忘乎所以,瞧不起别人;遇到挫折失败,也不会丧失信心,只能更加谦虚,更加勤奋。

尤其在竞争激烈的今天,充分认识自己,找出自身的优势和劣势,加强学习,不断提高,才能适应形势,找准自己的位置,使自己成为一个对社会有用的人。

## 愚者谋己,智者谋人

> 为一身谋则愚,而为天下谋则智。 ——苏洵

常言道:人到七十古来稀。人生不过百岁,就应该做个好人,存着好心,多行善积德。有什么利益可以超过百岁,能带到棺材里去呢?有的人为了蝇头小利,连最起码的仁义道德都不顾,丧尽天良,为所欲为,被世人痛骂。一个重视道义的人,能把千辆兵马的大国拱手让人,而一个贪得无厌的人连一分钱也要争个你死我活。为了谋求天下人的幸福,牺牲自己的利益,这种人永远活在人民的心目中。所以,"谋事公道,人我不二"的糊涂之人,他们舍弃一己

私利，成全公义，最终为天下人尊敬、爱戴。

就大多数人而言，当眼前的工作若无百分之百的把握，那他开始时就会放弃。实际上每一个人在工作之初都会产生"自己恐怕办不成"的不安感觉。此时，如能以破釜沉舟的决心，拿出勇气，来进行一番尝试的话，也许效果大不相同。

曾有人这样说："虽然有人说，人要有自知之明，明知困难就不要去动它，要不然就很难有成功的一天，但这种观念实际上是大错特错的。其实，一个人越遭遇困难，就越能够发挥出他的潜在能力。"一件事当你自己还不确定能否成功时，不妨自认为做得成，然后全力以赴。毕竟，"谋事在人，成事在天"。

宋代文学家苏洵在《审敌》中写道："为一身谋则愚，而为天下谋则智。"为个人谋利益思维狭隘，为天下谋利益则思维开阔，它的主要原因就是，为一己私利考虑得多，就必然将一己的利益凌驾于许多人的利益之上，思维基础的变化必然导致思维结局的变化。所以，只有思维开阔，不受私利的狭隘思维所限制，才能使一个人的思维清晰、正确、明智。

刘邦登上汉王朝开国皇帝的宝座后，傲视群臣，目中无人。

有一次，他患了感冒，于是传下圣旨："任何人不得入宫进见。"许多事情连续几天都得不到奏报，地方上的百姓叫苦不迭。

大将军樊哙是一个粗人，十分恼怒，他闯进皇宫，来到刘邦榻前，高声说道："想当初，陛下在沛县起兵时，何等英雄气概，如今天下安定，您怎么就变得如此萎靡不振？您患病，不与文武大臣商议国家大事，成天与太监待在深宫里，难道不回想秦始皇当年病死时，宦官赵高假造遗诏，杀害公子扶苏与忠臣良将，祸乱天下的事情吗？"

樊哙越说越激动，刘邦原本只是轻微感冒，听了樊将军的陈词，深受震动，翻身下榻，立即召集文武群臣，共商大事。

《呻吟语》的作者吕新吾说:"处小人,在不远不近之间。"这和孔子的想法如出一辙。过分地接近小人,对自己而言是一种负担;冷落了他,又会招致忌恨,不知其心怀何鬼胎。所以,保持适当的距离才是上策。

书中又说:"由于喜欢蛇,而贸然出手去抚摸它,往往会被它咬噬而中毒;倘若因为不喜欢老虎,而动手击打它,同样也会被老虎吞噬。"因此,必须远离老虎和蛇,即所谓"敬鬼神而远之"。这里的老虎和蛇就是指小人。现实中每个人身边都会有小人,对这种人一定要提防,不要笨拙地出手,以免遭致不必要的伤害。

# 淡看名利,耐住自己的本性

不戚戚于贫贱,不汲汲于富贵。

——陶渊明

凡事有利则必有害。何为利?利不仅是经商做买卖赚取的利益是利;以私害公,只要自己方便,不顾他人利益、损害社会利益的行为都是只顾一己之私的利。它不仅危害社会,同时也是害了自己。"利"和"义"之间的区别是很明显的,但是"利"与"害"之间的相互转化则是非常微妙的。

面对"利"与"害",我们又当"忍"什么呢?"利"是人们喜爱的,"害"是人们都畏惧的。"利"就像"害"的影子,形影不离,怎么可以不躲避?贪图小利而忘了大害,如同染上绝症难以治愈;

毒酒装满酒杯，好饮酒的人喝下去会立刻丧命，这是因为只知道喝酒的痛快而不知其对肠胃的毒害；遗失在路上的金钱自有失主，爱钱的人收取而被抓进监牢，这是因为只知道看重金钱的取得而不知将受到关进监牢的羞辱；用羊引诱老虎，老虎贪食羊而落进猎人设下的陷阱；把诱饵扔给鱼，鱼贪饵食而忘了性命。

唐建中二年，成德李惟岳、淄青李正己、魏博田悦与山南东道梁崇义四镇节度使联兵叛唐，形成"四镇之乱"。唐德宗李适下令调集兵马平叛。

公元781年和782年，唐河东（今山西永济蒲州一带）节度使马燧、昭义（今山西长治一带）节度使李抱真、神策先锋李晟两次大破田悦军。田悦收拾残兵，逃回魏州（魏博的治所），守城自保。马燧兵围魏州，但久攻不克。朝廷派马燧等军进击田悦的同时，命幽州节度使朱滔攻成德李惟岳军。李惟岳大败，逃回恒州（今河北正定）。部将王武俊杀李惟岳，投降朝廷。山南东道梁崇义、淄青李讷（时李正己已死，其子李讷统领军务）也都被朝廷派兵战败。梁崇义投水而死，李讷上书朝廷，请求悔过自新。整个平叛战局对朝廷很有利。官军一时取胜，进剿有功的节度使都争封地。

王武俊和朱滔认为朝廷分封不均，心怀不满，被困在魏州的田悦得知后，遣使前往离间。朱滔、王武俊素有异志，三方一拍即合，于是三镇联合叛唐。公元782年初夏，朱滔、王武俊率军救援魏州田悦。朱、王两支兵马抵达魏州时，魏人欢声雷动，田悦备酒肉出迎。第二天，朝廷派来增援马燧的朔方（今宁夏灵武一带）节度使李怀光，率步骑15000人也赶到魏州城外，马燧领将士列队欢迎。

朱滔见李怀光率军来支援马燧，立即出阵。李怀光有勇无谋，想乘朱滔、王武俊二军营垒未立之际挥师出击。马燧建议说：先让将士休息一下，待敌情观察清楚后再战。李怀光刚愎自用，对马燧说："等对方立成营垒，后患无穷，不可错过现在的大好时机。"于是挥军出战。两军接战，李怀光军勇猛冲杀，斩杀叛军步卒千余人，朱滔引兵败退。李怀光骑在马上观望，骄矜自得，任凭士卒们窜入朱滔军营争掠财物。这时，王武俊率2000名骑兵突然横冲过来，把李怀光军一截为二。朱滔亦引兵反击。李怀光军大败，被逼入永济渠（今卫河）溺死、互相挤踏而亡者不可胜数，尸积永济渠，渠水为之断流。马燧欲出兵相救已不及，急忙命令本军严密守住营垒，才免于与李怀光军同时溃败。当晚，叛军又引永济渠水截断官军粮道和退路。第二天，道中水深3尺，官军被困。马燧大惊，被迫派人向朱滔等婉言求和，保证遣还诸节度使军权，并向唐皇保奏，让朱滔统辖整个河北。官军撤兵后，11月，朱滔、王武俊、田悦宣誓结盟，推朱滔为盟主，称冀王，田悦称魏王，王武俊称赵王，李讷称齐王。唐廷这次平叛遂以失败告终。

由于见利而不见害，李怀光败于魏州，这就是不能忍于利的诱惑而导致失败的。

人们大都喜欢名利，成名使人有成就感，精神振奋。得利能够使人有满足感，心情愉悦。一般的情况下，人们也惧怕灾难，灾难令人感情痛苦，心智受损。所谓趋利避害是人的共同心理，无论是君子或是小人，在这一点上其实都是一样的，只不过追求名利、逃避灾害的方式不同罢了。愚蠢不知事理的人总是被眼前微小的利益所迷惑而忘记了其中可能隐藏的大灾祸，只见利而不见害。

因此，聪明智慧的人看到名利，就考虑到灾害；愚蠢的人看到名利，就忘记了灾害。考虑到了灾害，灾害就不易发生；忘记了灾害，灾害就会出现。

人不能过于贪图眼前的利益，更不能因为被眼前的利益所迷惑而忘记了做人的根本。

谁都懂得要获得事业的成功，就要付出一定的代价，哪里有那么多现成的好事在等待你呢？许多人也明白，小利之后会有大害的道理，但是一事当前，则无论如何也忍受不了小利不得的吃亏感，那后果又是什么呢？

　　自古至今只有能明是非、辨利害，才能忍耐住自己的本性，才能见利思害。做到这一点，是很不容易的。要兴利除害，趋利避害，也必须要有忍耐的精神才能办到。人生能有几何，不到百年时光；天地是暂居的旅店，光阴是永远的过客。如果不自警觉，一味纵情取乐，就会乐极生悲，像秋风过后的草木零落一般。

　　人生是有限的，短短几十年的光阴。如果放纵自己去享受，而不奋斗，则会一事无成。少小不努力，老大徒伤悲。贪图安逸，等于自毁长城。一旦人处于安稳快乐的环境中，就会忘记忧患的存在，消磨了自己的意志，不求上进，得过且过，哪里还谈得上什么奋发图强？

　　忍安逸，首先要知道珍惜时光，在有限的人生之中做更多的事情。

　　其次，忍安逸，要积极进取，否则就会像《论语》中孔子说的那样"吃饱穿暖，安逸地住着，却没有受到教育，就与禽兽相差无几了"。饱食终日，无所事事，自然会意志消沉，更甚者也可能蜕化成社会的害虫，为人们所厌恶。生命在于运动。只有工作，才能不停地奋斗，永不止息地前进。

　　古人认识到了贪图安逸，人就会没有雄心大志，害怕艰苦的生活，惧怕磨难，养成"娇骄"二气。面对挫折则放弃自己的志向，那又怎么能立身立国呢？整天沉溺于安稳的生活，陶醉于快乐的享受，根本不可能磨炼出顽强的意志，而且还有可能因为贪图享乐而招致灾祸。所以要忍安逸、艰苦奋斗，才能干一番惊天动地的大业。

# 怨恨他人等于荼毒自己

不要对任何人产生怨恨之心,要将慈善之心广布于天下。

——林肯

作为一个人,一定要保持一颗慈爱的心,去除那些怨恨别人的想法。因为憎恨别人对自己是一种很大的损失。恶言永远不要出自于我们的口中,不管他有多坏,有多恶。你越骂他,你的心就被污染了,你要想,他就是你的善知识。既然我们不能改变周遭的世界,我们就只好改变自己,用慈善心和智慧心来面对这一切。拥有一颗无私的爱心,便拥有了一切。根本不必回头去看咒骂你的人是谁?如果有一条疯狗咬你一口,难道你也要趴下去反咬它一口吗?

社会是人与人组成的,因此,谁都不可以孤立地生活在这个世界上。在生活中,我们很难避免地会与他人之间发生摩擦,或者是不愉快的时候,尤其是当你感受到自己遭遇到不公平的待遇的时候,你是否会对他人产生敌意呢?你是否会因此而在心里对他人怀有怨恨之心呢?

首先可以肯定地说,当你受到了真正的不公平待遇的时候,你完全有理由怨恨他人,因为你是真的受了委屈。可是,请你冷静地想一想,当你在怨恨他人的时候,你自己从中又得到了什么呢?事实上,你所得到的只能是比对方更深的伤害。

你的怨恨对他人不起任何作用，反而是你自己内心里的怨恨影响了你自身的健康，因为你的怨愤态度使你产生了消极情绪，这消极情绪对你的健康和性情都会产生很大的负面效应，从而对你造成伤害。更为严重的是，你总是想着自己受到了不公平的待遇，总是因此而极不愉快，从而也就会因此招致更多的不愉快。

想想看，你是否有必要改变自己的态度呢？你要知道，我们所受到的不公，仅仅是因为我们的心里有所欲求。如果我们不看重自己心理上的这份欲求，或者把这份欲求看得很淡，那么不公又从何而来呢？

当然，除非有特殊的原因，你不必与那些与你之间存在着嫌隙的人表现友好，但是，如果你不愿意原谅和学会遗忘，那么你也就否认了你自己是一个真正的受害者。这样一来，你对他人的怨愤也就会因此而升级，你自己所受到的伤害也同样会由此而升级。

一只脚踩扁了紫罗兰，它却把香味留在那脚上，这就是宽恕。

我们常在自己的脑海里预设了一些规定，认为别人应该有什么样的行为。如果对方违反规定，就会引起我们的怨恨。其实，因为别人对我们的规定置之不理，就感到怨恨，不是很可笑吗？

大多数人都一直以为，只要我们不原谅对方，就可以让对方得到一些教训，也就是说："只要我不原谅你，你就没有好日子过。"其实，倒霉的人是我们自己：一肚子窝囊气，甚至连觉也睡不好。

如果你觉得怨恨一个人时，请先闭上眼睛，体会一下自己的感觉，感受一下自己的身体反应，你就会发现：让别人自觉有罪，你也不会快乐。

一个人爱怎么做就怎么做，能明白什么道理就明白什么道理。你要不要让他感到愧疚，对他差别不大，但是却会破坏你的生活。假如鸟儿在你的头上排泄，你会痛恨鸟儿吗？万事不由人，台风带来暴雨，你家地下室变成一片沼国，你能说"我永远也不原谅天气"

吗？既然如此，又何必要怨恨别人呢？我们没有权利去控制鸟儿和风雨，也同样无权控制他人。老天爷不是靠怪罪人类来运作世界的，所有对别人的埋怨、责备都是人类自己造出来的。

即使遭逢剧变所引起的怨恨，在人性中也依然可以释怀。因为如果你希望自己好好活下去，就得抛开愤怒，原谅对方。

悲痛和愤怒中的人大致可以分为两种：第一种人始终生活在愤怒及痛苦的阴影下；第二种人却能得到超乎常人的同情心和理解。

令人心碎的事，例如大病、孤独和绝望，在人的一生中都难以幸免。失去珍贵的东西之后，总有一段时间会伤心、绝望。问题是，你最后到底变得更坚强呢，还是更软弱？

宽恕、忘记对他人的怨愤之心，这是一个智者的做法。

事实上，忘记你所受到的不公，忘记对他人的怨愤，最终最大的受益者只能是你自己。当你忘记了怨愤，学会了遗忘和原谅，你就会发现，原来你所认为的那些所谓的不公，其实根本不值一提，因为它们在你的一生之中，是那么的微不足道。而你也同时会认识到，抛开对他人的怨愤之心，你所获得的快乐是你这一生都享受不尽的。

学会宽恕而不怨愤，这是我们应当具备的最重要的美德之一。

忘记对他人的怨愤之心，这是一个智者的做法。如果你还没有学会遗忘和原谅，那么从现在开始，你就应该要求自己，甚至可以强迫自己，不要怨恨别人。

## 骄矜的人无知，自知的人智慧

> 今人病痛，大抵只是傲。千罪百恶，皆从傲上来。傲则自高自是，不肯屈下人。故为子而傲必不能孝，为弟而傲必不能悌，为臣而傲必不能忠。
> ——王阳明

骄矜，是指一个人骄傲专横，傲慢无礼，自尊自大，好自夸，自以为是。这样的人在现实生活中还是经常能看到的。具有骄矜之气的人，大多自以为能力很强，做事比别人强，看不起他人。由于骄傲，则往往听不进去别人的意见；由于自大，则做事专横，轻视有才能的人，看不到别人的长处。

《劝忍百箴》中对于骄矜这个问题这样说：金玉满堂，没有人能够守护住。富贵而骄奢，便会自食其果。骄傲自夸，是出现恶果的先兆；而过于骄奢注定要灭亡。人们如果不听先哲的话，后果将会怎样呢？贾思伯平易近人，礼贤下士，客人不理解其谦虚的原因。贾思伯回答了四个字：骄至便衰。这句话让人回味无穷，咳，怎么能不忍耐呢！

确实是这样。现代人最大的问题，就是骄矜之气盛行。千罪百恶都产生于骄傲自大。骄横自大的人，不肯屈就于人，不能忍让于他人。做领导的过于骄横，则不可能很好地指挥下属；做下属的过于骄傲，则会不服从领导；做儿子的过于骄矜，眼里就没有父母，自然不会孝顺。

骄矜的对立面是谦恭、礼让。要克制骄矜之态，必须是不居功自傲，自我约束。常常考虑到自己的问题和错误，虚心地向他人请教学习。

固执自己见解的人，会不明白事理；自以为是的人，不会通达情理；自傲者，不会获得成功；自夸的人，他所得到的一切都不会保持长久。

太平军攻破江南大营后，清将向荣战死，太平军举酒欢庆，歌颂太平军东王杨秀清的功绩。天王洪秀全更加深居不出，军事指挥全权由杨秀清决断。告捷文报先到东王府，天王命令赏罚升降参战人员的事都由杨秀清做主，告谕太平军诸王。像韦昌辉、石达开等虽与杨秀清同时起事，但地位低下如同偏将。

清军大营既已被攻破，南京再没有清军包围。杨秀清自认为他的功勋无人可比，阴谋自立为王，胁迫洪秀全拜访他，并命令他在下面高呼万岁。洪秀全无法忍受，因此召见韦昌辉秘密商量对策。韦昌辉自从江西兵败回来，杨秀清责备他没有功劳，不许入城；韦昌辉第二次请命，才答应。韦昌辉先去见洪秀全，洪秀全假装责备他，让他赶紧到东王府听命，但暗地里告诉他如何应付，韦昌辉心怀戒备去见东王。韦昌辉谒见杨秀清时，杨秀清告诉他别人对他呼万岁的事，韦昌辉佯作高兴，恭贺他，留在杨秀清处宴饮。酒过三巡，韦昌辉出其不意，拔出佩刀刺中杨秀清，当场穿胸而死。韦昌辉向众人号令："东王谋反，我暗从天王那里领命诛杀他。"他出示诏书给众人看，又剁碎杨秀清尸身让众人咽下，命令紧闭城门，搜捕东王一派的人予以灭除。

东王一派的人十分恐慌，每天与北王一派的人斗杀，结果是东王一派的人多数死亡或逃匿。洪秀全的妻子赖氏说："祛除邪恶不彻底，必留祸。"因而劝说洪秀全以韦昌辉杀人太酷为名，施以杖刑，并安抚东王派的人,召集他们来观看对韦昌辉用刑,可借机全歼他们。洪秀全采用了她的办法,而突然派武士围杀观众。经此一劫,东王派的人差不多全被除尽,前后被杀死的多达三万人。

《尚书》中有"满招损,谦受益"的句子,也就是说不张狂、不自满,人才能有所收益。一个谦虚的人必然能够博采众长,用以充实自己,还会自觉地改过从善,提高自己的修养,并能得到别人的尊重。《老子》中说:"知不知,尚矣;不知知,病也。圣人不病,以其病病。夫唯病病,是以不病。"讲的是知道自己有所不知,有不足之处,有欠缺的地方,这是明智的人。不知道却自以为知道,唯恐别人不知道自己知道,这才是真正的毛病之所在。圣人已经很完美了,没有缺陷了,却忧虑自己有过失,有毛病,谦虚自省,正是这样检视自身的过失、错误、毛病,才能真正地没有过失,所以虚其心,受天下之善。

世界上有些自以为是、沾沾自喜、自高自大的人,目光短浅,犹如井底之蛙。骄傲使人变得无知,让真正有识之士看了发笑。《王阳明全集》卷八中这样写道:"今人病痛,大抵只是傲。千罪百恶,皆从傲上来。傲则自高自是,不肯屈下人。故为子而傲必不能孝,为弟而傲必不能悌,为臣而傲必不能忠。"因此狷狂必忍,否则害人害己。如何忍傲忍狂?王阳明认为:狷狂、傲慢的反面是谦逊,谦逊是对症之药。人真正的谦虚不是表面的恭敬,外貌的卑逊,而是发自内心地认识到狷狂之害,发自内心的谦和。

自满是导致失败的原因之一。防止自满情绪产生,就要不断完善自我,不被表面的胜利所陶醉,时刻保持头脑的清醒。

## 明智者当明察自己的不足

> 知不知上,不知知病。夫唯病病,是以不病。圣人不病,以其病病。
> ——老子

正确地看待自己,自知自己弱智无知,有什么不好呢?古代西方有则流传很广的故事:

德尔斐传"神谕"的女祭司告诉苏格拉底的朋友说,苏格拉底才是人间最聪明的人。苏格拉底感到自己并不聪明,于是去证实这个"神谕"。他到处去找有知识的人谈话,其中有政治家、诗人、工匠等。结果证明这些人并没有知识,因而发现"那个神谕是不能驳倒的",于是,他反身自问,自己的聪明究竟表现在哪里?他觉得自己其实很无知,因而推论到"自知自己无知"正是聪明之所在。

无独有偶。古代东方的老子也言:"知不知上,不知知病"。自知自己不知才是最上等、最聪明的人。看来,自知自己无知才是真聪明,相反,自认为自己博学多知甚至能智胜天下者,倒可能是真糊涂。

有一个故事也许能让我们有所感触:

有一个人对自己坎坷的命运实在不堪重负,于是祈求上帝改变自己的命运。上帝对他承诺:"如果你在世间找到一位对自己命运心满意足的人,你的厄运即可结束。"于是此人开始了寻找的历程。一天，他来到皇宫，询问高贵的天子是否对自己的命运满意，天子叹息道："我虽贵为国君，却日日寝食不安，时刻担心自己的王位能否长久，忧虑国家能否长治久安，还不如一个快活的流浪汉！"这人又去询问在阳光下晒着太阳的流浪人是否对自己的命运满意，流浪人哈哈大笑："你在开玩笑吧？我一天到晚食不果腹，怎么可能对自己的命运满意呢？"就这样，他走遍了世界的每个地方，被访问之人说到自己的命运竟无一不摇头叹息，口出怨言。这人终有所悟，不再抱怨生活。说也奇怪，从此他的命运竟一帆风顺起来。

迄今为止，我们还未曾见到过一位内心平和、生活愉悦的绝对完美主义者。而且，今后可能也不会遇上。人们对事物一味理想化的要求导致了内心的苛刻与紧张，所以，完美主义与内心平和相互矛盾，两者不可能融入同一个人的人格。事物总是循着自身的规律发展，即便不够理想，它也不会单纯因为人的主观意志而改变。如果有谁试图使既定事物按照自己的要求发展变化而不顾客观条件，那么他一开始就已经注定失败了。

神话中，渔夫那贪婪的妻子，终于未能逃脱依旧贫穷的命运便是证明。现实中，我们许多人都过得不是很开心、很惬意，因为他们对环境总存有这样那样的不满，他们没有看到自己幸福的一面。也许你会说："我并非不满，我只是指出还存在的问题而已。"其实，当你认定别人的过错时，你的潜意识已经让你感到不满了，你的内心已不再平静了。

一床凌乱的毯子，车身上一道划伤的痕迹，一次不理想的成绩，数公斤略显肥胖的脂肪……种种事情都能令人烦恼，不管是否与你有关。你甚至不能容忍他人的某些生活习惯。如此，你的心思完全专注于外物了，你失去了自我存在的精神生活，你不知不觉地迷失了生活应该坚持的方向，苛刻掩住了你宽厚仁爱的本性。

没有人会满足于本可改善的不理想现状。所以，你努力寻找一个更好的方法：你要用行动去改善事物，而不是"望洋"空悲叹，一味表示不满。同时你应认识到：我们总能采取另一种方式把每一件事都做得更好，但这并不是说已经做了的事情就毫无可取之处，我们一样可以享受既定事物成功的一面。有句广告词不是说："没有最好，只有更好"吗？所以，不要苛求完美，它根本不存在。

如果你有过于要求完美的心理趋向，就赶快治疗——这可是容不得耽误的疾病啊！当你又要认为情况应该比现在更好时，就请把握住自己，理智地提醒自己现实中的生活其实很好。当你放弃自己苛刻的眼光时，一切事物都变得美好起来了。不要刻意追求完美，你会感觉到生活充满明媚的阳光的。

## 风紧扯呼，风松再来

> 凡事当留余地，五分便无殃悔。　　——《菜根谭》

旧社会的江湖有一句黑话叫"风紧扯呼"，意思即为发现势头不对，马上主动撤离。这虽是黑话，但在现代社会的现实生活中也一样适用。

在我们做某件事时，如果情况对自己不利，再使用蛮力继续下去很可能惨遭挫败，甚至丢了性命。那就必须考虑如何全身而退，先保住自己的本钱再说。此时，必须当机立断，决不可拖泥带水，这最能反映出你的心力深浅。因为，如果本钱没有了，就一切全玩完。对于会做人的聪明者来说，此时的"扯呼"是为了以后的再来，眼下的退，是为了下一步的进。

第一，要仔细分清"风"是否很"紧"，慎之又慎地做出是否"扯呼"的决定。

因为，"扯呼"毕竟是一种退而求其次的手段，是为保存实力，不得已而为之的消极行动。假如形势并非很危险，再坚持一下就会成功，就绝不要轻言撤退。所以，做出这种决定必须要慎之又慎。

武则天年方十四时便已艳名远播，被唐太宗召入宫中，不久封为才人，又因性情柔媚无比，被唐太宗昵称为"媚娘"。当时宫中观测天象的大臣纷纷警告唐太宗，说唐皇朝将遭"女祸"之乱，有一个女人将代李姓为唐朝皇帝。种种迹象表明此女人多半姓武，而且已入宫中。唐太宗为子孙后代着想，把姓武之人逐一检点，做了可靠的安置，但对于武媚娘，由于爱之刻骨，始终不忍加以处置。

唐太宗受方士蒙蔽，大服丹丸，虽一时精神陡长，纵欲尽兴，但过不多久，便身形槁枯，行将就木了。武则天此时风华正茂，一旦太宗离世，便要老死深宫，所以她时时留心择靠新枝的机会。太子李治见武则天貌若天仙，仰羡异常。两人一拍即合，山盟海誓，只等唐太宗撒手西去，便可仿效比翼鸳鸯了。

这时，武则天当然不会考虑"扯呼"，她还在想着如何大举进攻，攀附上未来的天子。

第二，"风"如果很"紧"，就一定要主动"扯呼"。情况不妙时，必须当机立断，主动撤退，否则，肯定是血本无归。

当唐太宗自知将死时，还不忘如何确保李唐江山的长久万代，要让颇有嫌疑的武则天跟随自己一同去见阎罗王。临死之前，李治和武则天都在他床边，他当着太子李治的面问武媚娘："朕这次患病，一直医治无效，病情日日加重，眼看着是起不来了。你在朕身边已有不少时日，朕实在不忍心撇你而去。你不妨自己想一想，朕死之后，你该如何自处呢。"

武媚娘是冰雪聪明之人，哪能听不出自己身临绝境的危险！怎么办？她心里清楚，只要现在能保住性命，就不愁将来没有出头之日。然而要保住性命，又谈何容易，唯有丢弃一切的一切，方有一线希望。于是她赶紧跪下说："妾蒙圣上隆恩，本该以一死来报答。但圣躬未必即此一病不愈，所以妾才迟迟不敢就死。妾只愿现在就削发出家，长斋拜佛，到尼姑庵去日日拜祝圣上长寿，聊以报效圣上的恩宠。"

唐太宗一听，连声说"好"，并命她即日出宫，"省得朕为你劳心了"。唐太宗本来是要处死武媚娘，但毕竟自己很喜欢她，心里多少有点不忍。现在武媚娘既然情愿抛却一切，脱离红尘，去当尼姑，那么对于子孙皇位而言，活着的武则天等于死了的武媚娘，不可能有什么危害了。

武媚娘拜谢而去。一旁的太子李治却如遭晴空霹雳，动也动不了。唐太宗却在自言自语："天下没有尼姑要做皇帝的，我死也可安心了。"

李治听得莫名其妙，也不去管他。借机溜了出来，径直去了媚娘卧室。见媚娘正在检点什物，便对她呜咽道："卿竟忍心撇下我吗？"媚娘满脸无奈的忧伤，她回身仰望太子，叹了口气说："主命难违，只好走了。""了"字未毕，泪如雨下，语不成声了。太子道："你何必自己说愿意去当尼姑呢？"武媚娘镇定了一下情绪，把自己的担心告诉了李治："我要不主动说出去当尼姑，只有死路一条。留得青山在，不怕没柴烧。只要殿下登基之后，不忘旧情，那么我总会有出头之日……"

太子李治佩服武媚娘才智，当即解下一个九龙玉佩，送给媚娘作为信物。太子登基不久，武则天很快又被召入宫中。

武则天的聪明之处在于能识别"风紧"还是"风松",在危难面前能迅速分清主次,并能果断地"扯呼",从而保住自己的性命。"风松"了,又再回来,后来时机成熟,武则天果断地由退转进成为中国历史上声名赫赫的一代女皇。不仅为自己,也为中国历史上的所有女性争了一口气。

# 三

# 献丑不如藏拙

《阴符经》上说:"性有巧拙,可以伏藏。"它告诉我们,善于伏藏是事业成功和克敌制胜的关键。一个不懂得伏藏的人,即使能力再强,智商再高,也难以战胜敌人。因此,你要藏住自己的弱点,不给对方乘虚而入的机会,露出自己的长处,给对方以有力的威慑。这便是藏巧于拙,糊涂做人的重要性。

# 有所为有所不为

> 道常无为而无不为。侯王若能守之，万物将自化。　　——老子

所谓"有为"，就是有所作为，这是人生的理想和目标。许多人都想干出一番事业来，但为什么有的人却是事与愿违呢？为什么有的人拼命努力，吃苦耐劳，却枉费心机呢？

并不是你想有所作为就能有所作为的，想达到目的就能完全达到。有时，反而会出现"有心栽花花不红，无心插柳柳成荫"的情况。因此，老子主张"无为"。

所谓"无为"，并不是"不为"，不是躺在床上，听天由命，无所事事，什么也不干。而是不要凭个人主观意识去干扰事物发展的规律，更不要违背自然发展的规律去刻意追求什么，这样反而会有所作为，最终达到"有为"的目的，或"有为"难以甚至不能达到的目的。

在生活中，有的年轻人，尤其是有一定聪明才智和专长的年轻人，一走进社会，就想有一番大的作为，凭着一时的热情和冲动，或恃才傲物，或锋芒毕露，或猛打硬拼，结果大多力不从心。他们铩羽而归之后，便心灰意冷，收刀入鞘，再也无所追求，变得无所作为起来，这样的无为，并不是老子所说的无为，而是一种消极的、悲观而没有出息的无为。真正的无为，是一种积极的，平静的进取，

其攻势并不凌厉，但有着潜在的推动力量。

然而，在人生的旅途中，我们是否能够判断应该在什么时候有为，在什么时候无为呢？无为和有为的选择取决于双方力量的对比。当主体力量明显占优势，居高临下，以一当十，采取行动后，可以取得显著的效果时，应该有为。而当主体处在劣势的位置上，稍一动作，就可能被对方"吃掉"，或者陷于更加被动的境地，那么便应该以退为进，坚守"无为"方式。

无为只是一种权宜之计和求生手段，待时机成熟，成功条件已具备，便可由无为转为有为，由守转为攻，这就是中国古人所说的屈伸之术、快乐之道。为此，我们提醒人们，在人生大道的某一个点上，只有有为，方能无所不为。

年少时常州人张史和孟州人何仁可在同一个学堂读书，并且经常在一起研究经书。后来张史先做了官，但他总是比不上何仁可的名誉好，内心里就开始嫉妒何仁可的才能，在和别人谈话时，总是不说何仁可的好话。世上没有不漏风的墙，何仁可听说到这件事，就想出了一个应对的办法。

张史有一个爱好，就是经常召集门生，讲解经书，以促进门生的发展。一到这个时候，何仁可就让自己的门生到他那里去非常虔诚地请教疑难问题，并且一心一意、认认真真地做笔记。一来二去，随着时间的流逝，张史明白了，这是何仁可在有意地推崇自己，为此心中十分惭愧。后来，在同僚们的交往中，再也听不到他贬低何仁可的声音了，而是不断地赞扬何仁可的人品和作为。

何仁可这种无为化有为的做法，明代时的王阳明也用过，正是这种无为才使他免去了杀身之祸。

中国古代一些贤明君主，如汉高祖刘邦、汉文帝、汉景帝及其以后的唐太宗等，都受过老子"无为而无不为"的思想影响，而且把它作为治国之策，取得了明显成效。

汉高祖刘邦当了皇帝之后,对于秦的"二世而亡"很是警惕,他要士人陆贾总结秦朝在内的历代兴亡的经验教训。陆贾写了十二篇论文,认为"事逾烦,天下逾乱;法逾滋,而奸逾炽;兵马逾设,敌人愈多。秦非不欲而治,然失之者乃举措暴众,而用刑太极故也"。因此,他提出了"无为而治"的思想。后来"无为而治"成了吕后、文帝、景帝的政治指导思想,并由此出现了国泰民安的"文景之治"。

在人生中,有时候,你越想得到,越是得不到。你若采取"无为而无不为"的态度,反而会收到预期的效果,达到预定的目的。

三国时的刘备一直胸怀振兴汉朝大业的鸿鹄之志。但他在没有形成气候时,不像杨修、张松、祢衡他们那样心气浮躁,只想有所作为,结果反而没有什么作为,而是韬光养晦,不显山不露水,安心做自己的菜农,不给人以加罪的口实。一旦时机成熟,他便如蛟龙腾渊,成为一代豪杰。

英国有一家令世人瞩目的科研机构贝尔实验室,其负责人是一位名叫赵玉成的教授。他是一个英籍华人,长期受中华民族传统文化的熏陶,特别是对老子的"无为而治"的思想十分推崇。他的办公室里挂着一张"无为而治"的条幅,下面加了一段英文注释:"最好的领导者时时不忘帮助下属,但又不让下属觉得离不开他。"他说:"领导者的能力表现,就是在领导别人的时候,使别人感觉不到领导的干预;研究所的一切工作都是在你的领导下迈进,但所里的人又不能感觉到你的存在。"可见,无为不仅仅是为人处世的一种方法和策略,更是一种明智的人生态度、一种崇高的人生境界。

有的人一心想有所作为,喜欢正面进攻,喜欢显露自己,因而往往容易成为众矢之的,进取的阻力当然要大得多,而一旦有所作为之后,又生怕别人不知道自己有所作为,四处夸耀,确实令人讨厌,也容易遭人忌恨。

有的人也一心想有所作为，但采取的是迂回战术，喜欢另辟蹊径，不愿显露自己，即使已经有所作为了，也不炫耀卖弄。

其实，一个人有所作为，并不在于表面形式，主要在于实质内容。表面上轰轰烈烈的人，并不一定有所作为；表面上平淡无奇的人，反而可能有所作为。

"君子有所为，有所不为。"对于事业我们应该孜孜以求，而对于那些名利之事，我们大可不必计较，还是随遇而安的好。

## 小事糊涂，大事聪明

> 聪明难，糊涂更难。
> ——徐兰州

"小事糊涂，大事聪明"，是说人一生不应对什么事都斤斤计较，该糊涂时糊涂，该聪明时聪明，糊涂是经常的，聪明是偶尔的。

一味糊涂，不是个事，也会让人瞧不起；一味聪明，只怕"聪明反被聪明误"。

由此可见，"聪明而愚，其大智也"。培根曾经说过："炫耀于外表的才干徒然令人赞美，而深藏不露的才干则能带来幸运，这需要一种难以言传的自制和自信。"因为人们大多喜欢表现和卖弄自己的才干，而不愿露些"傻气"，若没有一定的自制、自信，是很难做到大智若愚的。

大智者常常笑容满面，宽厚敦和，平易近人，虚怀若谷，不露

锋，不显艺，有时甚至显得有点木讷，有点迟钝，有点迂腐。但我们需要切记：若愚者，即似愚也，而非愚也。所以"若愚"只是一种表象，只是一种策略，而不是真正的愚笨。在"若愚"的背后，隐含的是真正的大智慧大聪明大学问。而正是真正具有大智慧大聪明的人往往给人的印象总是显得有点愚钝，所以中国才有了"大智若愚"这个带有很深的哲理意义的成语。

"大智若愚"，不是故意装疯卖傻，不是故意装腔作势，也不故作浅显，故弄玄虚，而是待人处事的一种方式，一种态度，即心平气和，遇乱不惧，受宠不惊，受辱不躁，含而不露，隐而不显，自自然然，平平淡淡，实实在在，普普遍遍，从从容容，看透而不说透，知根而不亮底，凡事心里都一清二楚，都明镜儿似的，而表面上显得不知不懂不明不晰。

"聪明难，糊涂更难"，聪明是一种艺术，然而聪明过头反而会招致不必要的损失，所谓"聪明反被聪明误"即是此理。而装傻却不仅是一种艺术了，它更是一种真正的人生大智慧。

"汉初三杰"之一的萧何算是一个很精通儒家勤政、谦抑谨慎的窍门的人了，事奉大杀功臣的刘邦多年而得以善终。

萧何在刘邦论功行赏时，被列为第一，许多将军都不服气。

当了宰相，一人之下，万人之上。不少人都登门向他道贺，唯有一个叫召平的人提醒萧何：你的灾祸可能会从此发生。现在皇上离开京城，率兵打仗去了，增封你为宰相，加派护卫兵，一方面是为了讨好你；另一方面也是为了警戒你。如果你现在辞退增封，献出自家的财产做军费，皇上一定会很高兴，也会减少心中的疑虑。

萧何觉得是这个理儿，于是把自己的子弟送到军中随刘邦作战；又把自家的资财捐输前方，做军费，高祖果然很高兴。

黥布叛乱的时候，高祖也是带兵亲自去讨伐。留在后方的萧何则勤勤恳恳，全力抚慰百姓，巩固民心。有人见他这样投入，非常担心，就劝他说："相国小心一家人遭杀身之祸啊！自从你入关十多年来，收揽民心，人们打心眼里敬重你，陛下知道你是众望所归，所以常常派人打听你的动向，惟恐你忘恩负义背叛他。你如果想保全家人的性命就要自毁形象，把声望压下来，才能让陛下安心。"

萧何仔细一想真是这么回事，便大肆没收百姓土地，扰民、乱民。百姓怨声载道，萧何的威信当然也下降了。萧何还故意在小事情上斤斤计较，贪图小利，使刘邦看到他胸无大志而放心。

历史上能做到萧何这等难得糊涂的能有几人。世事无常，过犹不及。你封侯拜相也好，做了君王当了皇帝也好，也不敢保证你会永远辉煌，永远平安。无常的世事可能随时惊醒你的美梦。早上你为王为侯为相，难保不到晚上就被打入大牢或早已身首异处了呢！

当身处高位，位极辉煌之时，要说无一点骄傲之心，也许并不可能，但骄奢之心越盛，则危险越大，因为这样常会遭人忌恨，因此难免被心怀叵测的主人所陷害，暗箭难防啊！

装傻是一种境界，并不是谁都能做到的。除非具备了相当旷达的品性，你才能达到那种境界。

装傻不等于真傻。有很多外表看上去聪明得很，做事也很精明的人实际上是真傻，因为他已把自己的优劣长短暴露得一览无余。装傻的人实际上很多是极聪明的。尽管他们也许比那些公认的聪明者不知要高明多少倍，但他们深知不必要的锋芒毕露有害无益，因此也就深藏起自己，装起傻来。所谓"大智若愚，大巧若拙"就是这个意思。

## 藏起你的锋芒来

> 天地之道，极则反，盈则损。　　　　　——《淮南子》

杨修之死，既因曹公狭隘，更是修之狂妄。古史鉴今，锋芒毕露，结局悲惨。

锋芒，刀剑等器的刀口和尖端，引申为人的才干显露在外表。一个人的才智过高，在人与人的交往中也会使人产生逼人的感觉，如刀如锋，会使人油然生出一种距离感，或产生回避、逃遁的心理意识，甚至成为你的阻力，成为你的破坏者。因为人从根本上讲是趋弱去强的，所以当人处在少壮年轻的时候如锋芒太露，就会丧失掉一些机会和朋友，就会延长成功的距离。等到你明白这种道理时，已经事过境迁，悔之晚矣。正应了"万事古难全"、"盈则损、直则折"这些话，弱者有弱者的不幸，强者有强者的不幸，而人生就在这幸与不幸之间。

汉代贾谊，名篇《过秦论》的作者。因才华横溢被河南太守吴廷尉召至门下，很是喜欢他。后来孝文帝继位，闻河南太守政绩显赫，而且此人曾经和李斯是同邑，并且师从李斯，于是征召他为廷尉。"廷尉乃言贾生年少，颇通诸子百家之书，文帝召之为博士。"

贾谊此时才年及弱冠，雄姿英发。每次朝议大事，诸老先生不能言，贾谊尽为之应对。诸生于是乃以为能力不及贾谊，纷纷不敢插话。孝文帝悦之，便越级提拔他，一年之内就官至太中大夫。

贾谊以为此时天下太平，汉朝稳固江山了，因而当改正朔，易服色，法制度，定官名，兴礼乐。他草撰了新的仪规法礼，自以为是地认为汉代的颜色以黄为上，黄即土色，土在五行位第五，故数应用五。还自行设定官名。此举惹得朝廷上下，一片哗然。虽然孝文帝刚即位，不敢一下子都按贾谊的意见去办，但却以为贾谊可以担任公卿。大臣周勃、灌婴、东阳侯张相如、御史大夫冯敬时等贵族都因此而嫉恨贾谊，认为贾谊的存在给了他们很大的威胁，于是常常在文帝面前说贾谊的坏话："年少初学，专欲擅权，纷乱诸事。"于是文帝为了平息众愤，不再采纳他的建议，便让贾谊当长沙王的陪读太傅。后来，文帝召见贾谊，但是"不问苍生问鬼神"，贾谊不能自陈政见。后又以贾谊为梁怀王太傅。梁怀王是"文帝之少子，爱，而好书。"文帝又封淮南厉王子四人皆为列侯。贾谊数上疏谏，以为祸患从此起矣。言诸侯或连数郡，非古之制，可稍削之。文帝不听。过了几年，梁怀王学骑，坠马而死。贾谊悔恨自己没有尽到老师的责任，哭泣而死，年仅33岁。

贾谊本来才高八斗，锐智英煌，前途无量，得到皇帝的重用也理所当然。但是，贾谊毕竟太年轻，不知道什么叫"木秀于林，风必摧之"，成功之时看不到周遭的巨大威胁，也不知道少而举高，已成众矢之的，不仅不预设保护，反更强求，致使自己力尽而寡助，落得少年悲哀。

石奋，汉初时人。时年十五岁，做到了一个小官，侍候高祖。高祖和他谈话的时候，没有发现他什么突出之处，只是说话恭敬，问他说："你家里还有什么人？"石奋回答说："我只有母亲，不幸失明。家里贫穷。还有一个姐姐。"高祖说："你能跟随我吗？"他说："愿意尽力效劳。"于是高祖召他姐姐来封为美人，让石奋任中涓，并且把他家迁到长安城里的中戚里，高祖这样看得起他，都是

因为他姐姐做了美人的缘故。他做官靠积累功劳当上了大中大夫。石奋为人没有文才学问，对谁都是恭敬有加，礼仪待人。到孝景帝即位，石奋的长子石建，二子甲某，三子乙某，四子石庆，都因为品行优良，善良孝敬，办事谨严，做官做到了二千石。于是景帝说："石君和四个儿子都是二千石官员，作为臣子的尊贵荣宠竟然集中在他一家。"称呼石奋为万石君。

万石君年老归家时，每年参加朝会的时候。经过皇宫的门楼，一定下车快步走，恭恭敬敬地拜上大礼。看见皇帝的车驾，一定跪下扶着车前横木表示敬意。他的后代也都做官。回家时，万石君一定穿着朝服来接见，不呼其名字。皇上时常给他家赏赐食物，他一定跪下叩拜俯伏着吃，恭敬的程度好像就在皇上眼前，他的子孙也都遵循他的教导，也和他一样。万石君一家凭着孝敬谨严而闻名于各郡各国，即使齐、鲁那些家世显赫，而且家法严明的官宦也都很佩服他。

石奋长子石建官拜郎中令，小儿子石庆任内史。石建有时有事要向皇帝说，都是在没有外人的情况下，畅所欲言，说的恳切，到了上朝的时候，就好像不会说话一样，因此连皇帝也尊重他。上书奏事，奏章经皇帝阅后发回。石建读罢，说："写错了'马'字下面脚连尾应该五笔，如今只写四笔，少一笔。皇帝会谴责我，我活不成了。"他的谨慎，即使是别的小事也这样。有一次小儿子石庆喝醉了，回家的时候，进入外门没有下车。万石君听说了，又害怕又生气，不吃饭。石庆开始害怕，负荆请罪，没有许可。全族的人和哥哥石建都去衣露体请罪，万石君责备说："内史是显贵的人，进入乡里，乡里的长辈都走开回避，而内史坐车中很自在，正是理所当然！"于是让石庆走开。石庆任太仆，有一次为皇帝驾车，皇上问驾车的马有几匹，石庆不敢大意，用鞭子一匹一匹地把马数完。举起手说："六匹马。"石庆在兄弟四人中是最马虎的了，尚且这般谨慎。他任齐国相,全齐国的人都知道他的德行好,因此很仰慕他。没有什么成绩,齐国就感化而很太平,因此,齐国人给石庆建立生祠。

孔子有句话说"君子言语要迟钝,行动要迅速",说的大概就是石奋的家族吧?因他的教化不焦躁而沉稳,不严厉却有效。这可以说是行为忠厚的君子了。

## 赞美别人,就是肯定自己

> 由衷的赞美,是人生中最令对方温暖却最不令自己破费的礼物。
> ——佚名

赞美别人是一种关心他人的方式,也是一种良好心理品质的表现。你给别人传递一个真诚的赞美,不但给对方心灵带来光明,同时也丰富了自己的心灵!

有一位富翁,新聘了一个手艺高明的厨师。这个厨师有口皆碑,但每次端上全鸭大餐时,鸭子总是只有一条腿,富翁怀疑另一条鸭腿可能被厨师偷吃了。

一天,富翁又发现菜盘上只有一条腿的鸭,他非常生气,就把厨师叫来,厉声问道:"鸭子有几条腿?"

"老板,鸭子只有一条腿。"厨师坦然回答。

富翁震怒,斥责厨师:"就是三岁的小孩也知道鸭子有两条腿,为什么你还强辩?"

"如果你不相信,那你就跟我到后院去看看吧,老板。"

于是,富翁跟着厨师来到后院,只见鸭子们都睡着了,一只脚藏在下腹,另一只单足伫立。富翁见状,以双手大力地鼓了几次掌,鸭子被惊醒,缩在下腹的腿也自然垂下了。

"你好好看看,鸭子不是有两条腿吗?"富翁怒气未消地说。

厨师淡淡地说:"没错啊!是因为你鼓掌才有两条腿。我平时做菜,从没听你说过好,所以鸭子才只有一条腿。"

小小的亲切可以推动世界,轻轻的掌声足以温暖人生。厨师渴望鼓励的心情,我们深表同感。的确,再也没有比赞美更便宜而又更能激励人心的了。

由衷的赞美,是人生中最令对方温暖却最不令自己破费的礼物。当然,它的价值也是难以估量的。当你用心观察到对方的优点,并且发自真心地表达赞美,友善的关系便在一言一语中逐渐建立、累积。情人间的赞美,让爱情更加滋润;亲人间的赞美,让家庭更加幸福。许多实践证明:在充满赞美的环境中长大的人,比较有自信。经常受到老师赞美的学童,课业成绩比较好。甚至,连农夫在牧场上赞美一头母牛,都能使它产出更多、更好的牛奶。千万不要忽视赞美的力量。

每一个人都喜欢听好听的话,但是,不一定人人都讲得出好听的话。就算能讲出好听的话,也不见得就等于是"赞美"。赞美,必须发自真诚的内在,并且有事实的根据,才能感动人。否则,很容易流于肤浅,变成阿谀谄媚,结果适得其反。

"赞美"和"谄媚"最大的不同,就在于所陈述的内容是否属实,有没有过度的夸张或扭曲;其次,就是动机是否单纯。由衷地赞美,是不求回报的,并没有想要从对方身上获得什么好处,所以绝对不会沦为"逢迎拍马"。

对自己缺乏自信的人，讲不出赞美的话。他过度担心对方会以为他的赞美里有别的企图，为了表示自己的清白，他宁可保持缄默。生性自卑的人，更吝啬于赞美别人。他误以为夸赞别人的优点，会把自己比下去。

其实，赞美别人，就是肯定自己。由衷地表达对别人的赞赏，就是对自己有信心的表现。在别人的特色中，肯定了自己的气度；在别人的优点中，肯定了自己的眼光；在别人的表现中，肯定了自己的观察。

不要以为赞美别人是一种付出。从"生命能量"的观点来说，这其实是一种能量的转换。对别人赞美的时候，你已经获得了更多的力量。你从嘴里吐出字字赞美的话，一如粒粒珍珠，挂在胸前，它令你充满喜悦的心，更加光华耀眼。

很多人都知道怎样去奉承，但却不知道如何来赞美。赞美是种欣赏与喜悦的惬意，称颂要在真心，嘉许要出善意。过分的赞美，则是虚伪；赞扬不值得赞扬的人，等于变相的诽谤。夸奖像醉人的芳香，浓淡适中，清雅宜人；赞许又像黄金钻石，只有稀少，才有价值。最机灵的喝彩，就是让人多说，而自己用心倾听。

请不要吝啬你的赞美，因为赞美是春风，它使人温馨和感激；请不要小看你的赞美，因为赞美是火种，它可以点燃心中的憧憬与希望。赞美也是照在心灵上的阳光，没有阳光，我们便不能生长。因此，愿赞美的种子播在你我的心田，愿赞美的阳光照在每个人的身上！

## 择高处立，向宽处行

> 人在屋檐下，不得不低头。
> 
> ——谚语

人生在世，免不了磕磕绊绊。沧海桑田，风霜雨雪，生活中你有时会经历"春风得意马蹄疾，一日看尽长安花"的辉煌，有时你也会经受喝凉水也塞牙，吃盐也生蛆的潦倒。面对错综复杂的大千世界，难怪有人感慨而叹："生都不怕，还怕死吗？"一句平凡但极富哲理的话道出了活着不易的艰辛和坎坷。

在生命的历程中，也许你想活得像凤凰涅槃般壮烈，但每一天都平平淡淡；或许你想成为腰缠万贯、一掷千金的大亨，但你却挣扎在温饱线上；也许你想仕途如日中天，但你只能成为普通的一员；也许你想堂堂正正做人，但命运却和你开了一个不小的玩笑……你沮丧、苦闷、彷徨，但最终还是无奈，因为你无法诠释清楚你所面对的世界。

其实，面对人世间诸多的惶惑和无奈，你不妨心静如水。

不是吗？心静如水，你就会感到险壑也是滩涂，峻岭也是平原，沧海也是一粟。心静如水，虽然你暂时蒙受冤屈，但心里坦荡安然；心静如水，虽然你活得平淡，但有滋有味；心静如水，虽然你囊中羞涩，但有苦有乐；心静如水，你虽然这辈子注定普普通通，但也惬意和轻松。曾经沧海难为水，除却巫山不是云。只要你心静如水，什么荣辱得失、沉浮笑骂、是非曲直，一切都视为斯夫。

老子曰：仰不愧于天、俯不怍于人。不管世事怎样反复无常，只要你心静如水，襟怀坦白，就不会愧对他人。

人都是赤条条来到这个世界上，又手握空拳，一无所有地离世而去，并且终将化为尘土。因此，你不必渴求生活的至善至美，凡是生活赋予你的，你都要欣然接纳，不要去追求那些可有可无，并不影响生命内涵的东西。

心静如水，你可以感悟到"猝然临之而不惊，无故加之而不怒"的悠然；心静如水，你还可以拥有"不以物喜，不以己悲"的洒脱；心静如水，你就可以玉树临风，泰然自若。

然而，心静如水，不是消极遁世，也不是逃避现实、漠对人生，而是在纷杂的尘世里，为自己留下一片纯净的心灵空间，不管是潮起潮落，也不管是阴晴圆缺，你都可以进退自如，轻松自如地走好人生路。

但是，在这个世界上，懂得进退之道的人并不是很多。很多时候，屈而让人，在历史上许许多多著名人物的眼里，是以退为进的一种策略。

晋文公重耳，可谓是这方面的高手。运交华盖的重耳，身为晋国公子，在成为晋文公之前，曾流亡到了楚国，楚成王待他如同国君。重耳言行举止，莫不细致小心，在楚王面前，更是谦恭有加！因为重耳深知，自己的处境十分微妙，稍有不慎，回晋之愿，或许就是南柯一梦了。

有一次，楚成王设宴招待重耳，在宴席上问重耳道："公子回到晋国，有朝一日当上晋王该怎么谢我？"

重耳沉思良久，答曰："托你的福，如果我返回晋国，有朝一日若有两国不幸交战的局面发生，我将后退九十里回避楚王，以报答楚王的款待之情！若这样做还不能令楚王满意的话，重耳也就无话可说了。"

公元前632年,已当上晋国国君的重耳,采纳中军大将先轸的计谋,成功地离间了楚与齐、秦的关系。楚王恼羞成怒,派大将尹子玉率大军北上,旗帜鲜明地征讨晋国。晋文公重耳见楚军逼近,便下令撤退九十里。很多将领对此十分不满,认为楚军远道而来,已十分疲惫,晋军以逸待劳,应该迎头痛击才对。

大臣狐偃见许多部将都心存疑惑,就对他们解释说:"国君后退九十里,是履行以前许下的诺言,倘若一国之君说话不算数,是会被天下人笑话的。"

其实,重耳正是用后退之法,激起晋军将士的愤懑,从而增强斗志、达到鼓舞士气的目的!同时,避开楚军锋芒、助长楚军骄傲自大之气,然后选择有利的天时地利条件同楚军会战。

楚军统帅尹子玉见晋军不战而后退,认为是望风而逃的懦弱之军,于是率领楚军紧追不舍,且一直追到城濮。等他反应过来,早中了晋军的埋伏。城濮一战,晋文公重耳大获全胜。

由此可见,退虽然为屈,但在屈后,可能会有大获全胜的伸。

常言道,逢桥须下马,过渡莫争船,同"人在屋檐下,不得不低头"的道理一样,无论是谁,身处该退该让该屈之境,就不能急进急争急伸。

今天的人们,在各行各业之中,所面临的实际情况不同,屈伸之道自会各异。但是,万变不离其宗,在"伸"起来困难,并还可能出现危险与祸患的时候,就得先屈。

在可伸也可屈的时候,我们的主张是避伸而就屈。从某一方面说,伸是显,屈是隐。显则招人注意,招人注意则容易遭受到攻击,遭受到攻击就存在失败的可能。而隐则易让人忽视,被人忽视就有宁静,在宁静之中,修身养性,积蓄能量,在日后可能会有大伸。

一般说来,深事深谋,大事大谋,差不多皆成在屈中,而人在伸时，大多只谋一些小事浅事。自古及今，谋计谋略，贵在此人想得远想得深！己之所想，是人之所想不到的；己之所看，是人之所看不见的；己之所谋，是人之所谋不到的，这才是大计大略。

有屈而先有退，有退而先有让。在特定的情况下，让就是智，让就是勇，让就是伸！当然，让，更是一种忍。

面对高位，常存平常心。对于大多数人来说，平日间所要面临的，只不过是一次出国旅游观光的机会，只不过是一次由科员升为科长的机会，只不过是一次由助理升为经理的机会，只不过是一次由临时工转为长期工的机会，等等，细想一想，为了此类的"伸"机，有必要与同事争得脸红脖子粗吗？有必要与朋友打得鼻青脸肿吗？遗憾的是，如此的事情经常地发生在我们的身边。

退一步海阔天空，退二步利己利人，退三步与世无争。无争不是无能，无争是一种大屈，在大屈之后，就会有成功的大伸。

孔子说："小不忍则乱大谋。"其意思是：一点点的小事发生在自己身上或是自己眼前，若不能忍让，肯定会搞乱大的计谋。

匹夫见辱，拔剑而起，挺身而斗，只不过是可怜的匹夫之勇，结果往往会铸下大错，原因就在于不懂得让和忍。

《水浒传》里的黑旋风李逵，心地善良耿直，却就是暴躁的性情不改，头脑易发热，芝麻点大的小事该让不能让，结果自吃苦果不少。比如说在浔阳江中，他被浪里白条张顺灌了一肚子的江水，就是因他不能忍让一点小事并一味逞凶引起的。

事实上，对于今天的许许多多的人来说忍与让的字眼在其行为的字典里，早已无法找到，这是一个十分危险的信号，若不尽快将这两个字补进我们行为的字典里，并掌握与运用，矛盾冲突、难以自我平衡的日子就会到来。

# 河流之所以能够到达目的地，是因为它懂得怎样避开障碍

> 世事洞明皆学问，人情练达即文章。　　　　　　　——佚名

在我们每个人的一生中，随时都会碰上激流和险滩，如果我们低下头来，看到的只会是险恶与绝望，在眩晕之中失去了生命的斗志，使自己坠入地狱。而我们若能抬起头来，看到的则是一片辽阔的天空，那是一个充满了希望并让我们飞翔的天地，我们便有信心用双手去构筑起一个属于自己的天堂。

失意是生活乐曲中不可缺少的音符。有了它，生活的乐曲才会抑扬顿挫，才会华美。英国的伟大诗人弥尔顿，最杰出的作品是在他双目失明后完成的；德国的伟大音乐家贝多芬，最杰出的乐章是在他的听力丧失以后创作的；世界级小提琴家帕格尼尼是个用苦难的琴弦把天才演绎到极致的奇人。被称为"世界文化史上三大怪杰"的三个奇人，居然一个是瞎子，一个是聋子，一个是哑巴！他们之所以有那样的成就，正是因为他们有一颗坚忍之心，处于逆境而不屈服。

不要感叹命运多舛。命运向来都是公正的，在这方面失去了，就会在那方面得到补偿。当你感到遗憾失去的同时，可能有另一种意想不到的收获。但是，前提是你必须有正视现实、改变现实的毅力与勇气。

一位成功者说：苦难本是一条狗，生活中，它不经意就向我们扑来。如果我们畏惧、躲避，它就凶残地追着我们不放；如果我们直起身子，挥舞着拳头向它大声吆喝，它就只有夹着尾巴灰溜溜地逃走。只要你拥有对生命的热忱，苦难就永远而且只能是一条夹着尾巴的狗！

哈得森23岁时因车祸失去了左腿之后。他依靠一条腿精彩地生活，成为全世界跑得最快的独腿长跑运动员；30岁时，厄运又至，他遭遇生命中第二次车祸。从医院出来时，他已经彻底绝望——一个四肢瘫痪的男人还能干什么呢？

哈得森开始吸毒，醉生梦死，可是这不能拯救他，一个寂静的夜晚，痛苦的哈得森坐着轮椅来到阿里赛道，忽然想起自己曾在这里跑过马拉松。前路还远，生命还长，他就这样把自己放逐？不！他惊醒过来："四肢瘫痪是无法改变的事实，我只能选择好好活下去！我才33岁，还有希望。"

哈得森坚定意志，开始了他的下一步人生。现在，他正在攻读哲学博士学位，并且一直帮助困苦的人解决各种心理问题，以乐观的笑容，给那些逆境中的人们送上温暖和光明。

在一本名为《二十多岁的青年必须尝试的50件事》的书中，作者中谷章钊忠告日本二十多岁的新生族们为了30岁时事业的成功，40岁时便能登上事业的巅峰，就要从现在开始做一个"勇往直前、经历无数次失败而百折不挠的人"。他认为，在人生的道路上，为追求真正属于自己的生活而竭尽全力、饱尝辛酸和痛苦的人生才是美丽的人生。

人生失意的时候，切莫自暴自弃，只看到失败，却听不到咫尺之外成功正在向你大声呼喊，自己打败自己才是最彻底的失败。而在人生得意之时，切忌得意忘形，盲目乐观，而忘记了日中则仄，月满则亏的道理。当功成名就，显赫日盛之时，我们更需要从意气风发中清醒地退出,由辉煌趋于平淡。

"鸿未至先援弓,兔已亡再呼矢,总非当机作用;风息处休起浪,岸到处便离船,才是高手功夫。"古人早已将把握时机、当机立断之举讲得明明白白,聪明人何须重锤敲打?

张良原是汉高祖刘邦手下的一名大臣,与萧何、韩信并称为"汉初三杰",他熟识兵法,一生以谋略见长,是刘邦的主要谋士之一。若没有他,刘邦能否建立汉朝也得打上问号。是他设计攻占秦国首都咸阳;是他设计帮助刘邦逃脱鸿门宴上的杀身之祸;是他英明决断火烧栈道;及时阻止了刘邦准备封赏六国后代的计划;也是他力排众议,在楚汉议和后彻底消灭了项羽;还是他帮助刘邦在得天下后镇抚各将士,建都长安,稳固了汉朝的江山社稷。可就是这样一位开国功臣却没有居功自傲,不仅拒绝了封赏给他的三万户领地,还身体力行了老子所讲的"功遂,身退,天之道"的思想,不倚仗功劳让自己成为显赫家族,而是闭门不出,潜心学道,以隐退的方式来表明他的人生哲学。那么,张良此举是否就是在逃避人生呢?答案是否定的。从他晚年为使汉朝免于宫廷内战,为保持社会稳定而帮助太子刘盈请出"商山四皓"的事例中即可见其是以一种更超然的方式来参与朝中大事的。这位早年在下邳向黄石公学习《太公兵法》的隐者,深深明白"达士知处阴敛翼,而岩晦亦是坦途"的道理,亦懂得"谢事当谢于正盛之时"才是"天之道"。

《史记·越王勾践》中载,越王勾践被吴王夫差打败后,卧薪尝胆,励精图治,在重臣范蠡和文仲的鼎力相助下,十年生聚,十年教训,终于消灭了吴国,成就了霸王之业。按照正常心态,作为重臣且劳苦功高的范蠡,这个时候应该是等待越王加官晋爵,享尽荣华富贵。然而,范蠡却深知月盈则亏,更懂得"福兮祸所伏"的道理。于是,在一个月朗星稀的夜晚,乘一叶小舟而去。临行,他还特为好友文仲留下一封"飞鸟尽,良弓藏;狡兔死,走狗烹。"的信。范蠡深知，越王是那种可共患难，却不能同富贵的人，他劝文仲尽快归隐。文仲没听范蠡的话，最终被越王赐死。

进有时便是退，退有时便是进。常言道："进一程风高浪急，退一步海阔天空。"懂得功成身退，见好即收的道理，且及时行动，会使你终生受益。

总之，不管是激流勇进还是激流勇退，都只是一种形式，只是让我们以一种适合自己的方式处世，用宁静淡泊的心看待世间万事万物。

能功成名就者肯定都是聪明人，但能激流勇退者却不仅仅是聪明人就能做到的。因为"由俭入奢易，由奢入俭难。"激流勇退，放弃的只是一些名利等身外之物，于人于己皆无损，而得到的却是超然人品，自然之心，于人于己皆有益，何乐而不为？

# 吃亏未必是坏事

吃亏是福！
——郑板桥

郑板桥一生书画墨宝无数，但他留给后人最深刻的还是两句话，一句是"难得糊涂"，另一句是"吃亏是福"。对于修身养性的人而言，无疑是两句醒世恒言。

古人云：用争夺的方法，即使你得到了，也不可能会是你最想要的结果；但用让步的办法，你可以得到比期盼的更多，会有更大的惊喜。换言之：吃亏是福！

　　李士衡，宋朝时人。一次出使高丽要回来的时候，高丽方面赠送了许多礼品财物，李士衡并不在意，只是把它交给副使放置。出发前，副使发现船底有缝隙，还有渗水。于是，副使也没报告，只是不动声色地把李士衡得到的丝绸细绢垫放在船底，然后把属于自己的礼物放在上面，避免自己的东西受潮。

　　船行大海之中，由于回来时负载太重，而且风浪汹涌，有可能倾船的危险。船员要求把装载的东西全部扔掉，否则船翻人亡。副使也吓坏了，就急忙地把船上的东西抛入大海。大约东西丢了一半时，风浪平息，航船稳定了。过后检点一下，丢掉的都是副使的财物，而李士衡的物品由于放在船底，除了受点潮湿，没有丢失一件。从这个故事就可看出，李士衡原先吃了亏，结果却是得益者。

　　人与人相处，如果怀着从不吃亏的心态，只知道占便宜，到最后，他很可能成为一个真正吃亏的人。从另一个角度看，生活中吃亏和受益就像我们常说的"祸兮福所倚，福兮祸所伏"的道理是一样的，互为因果。天地轮回，得失交替，平衡是一个永恒的主题。相互转化，相互循环，没有谁能永远吃亏或占便宜。

　　人生是一个多元的人生。很多事情，无法从表面看出其本质。就像有些贪官、有些偷盗者，看似得到的或许很多，其实藏在他们内心的损失谁能看到呢？有些见义勇为者，为了拯救别人的生命，看似牺牲了自己的利益甚至是生命，可是谁又能看到他们内心的满足呢？谁也不能否认他们已经实现了最崇高的生命理想。更有为艺术、为文学、为科学、为社会献身的那些生前吃尽了亏，却流芳百世的人们。

　　俯首甘为孺子牛的鲁迅，数十年伏案写作，虽然英年早逝，但是留下了不朽的作品；居里夫人整日做着辛苦而又危险的工作，为人类作出了伟大的贡献，却生活实验在一个黑暗潮湿的地下室。有人说她吃亏吃大了，叫她将提炼放射元素镭的方法申请专利，去享受几辈子的荣华富贵，可是居里夫人说：镭，是属于全人类的，我没有权利占有它，也没有权利出卖它！依然一如既往地吃亏，心甘情愿地吃亏，直到她发现的东西夺去了她的生命。但是居里夫人却永远成为人们追求崇高的偶像。鲁迅和居里夫人没有遗憾，他们是甘于吃亏、乐于吃亏、勇于吃亏的人，他们已经获得了永远的幸福。

人们常说，吃亏的都是些傻子，但是我们相信，在适当的时候，他们口中的"傻子"肯定会起到重要的作用。当一个社会、一个国家，人人都勇于吃亏，个个乐于奉献，都愿意为了他人或者集体利益宁愿自己吃些亏的时候，这个社会必定日渐和谐向上，这个国家的民族凝聚力将会很强很强。

吃亏，对于个人来说，无非是自己小的利益损失，失去的大多是物质的和暂时的。如果我们能够从容地面对，不去计较这些，在所谓的"吃亏"之后，我们得到的又是什么呢？我们得到了别人的感激和自己的坦然，我们培养了自己的宽厚与大度，我们还陶冶了自己的情操。这难道不比损失的那一点利益划算吗？这就是福！因此，无论是什么事情都要往好处想，往宽处想。佛教中有个笑口常开的弥勒佛，人称"大肚能容，容天下之事；慈颜常笑，笑天下可笑之人。"郑板桥说得好："难得糊涂"、"吃亏是福"。做人也要学会吃亏。

吃亏，在现在看来，是一种智慧、一种精神、一种大度、一种情操。如果一个人不择手段地得到钱财，追名逐利，那么，他在物质上很满足的同时也必将失去自己的良知。贪心的人，在其热情、仗义与关切的伪装背后，总是无休止的算计和猜疑，更多的是肆无忌惮地对别人的进攻与伤害。不怕吃亏的人，总是怀着美好的性情去对待每一个人、每一件事，在其看似可能天真、迂腐、软弱的背后，是一个宏大、宽容的不设防的世界。不怕吃亏的人，才会在一种平和自由的心境中感受到人生的幸福。

世界上没有免费的午餐，任何贪婪的行为都要付出代价，爱占便宜者迟早要吃亏。有的人见好处就像苍蝇闻见了腥臭，也像飞蛾扑火，不顾什么尊严面子、礼仪道德，也不管前面的暗道机关，拼了命地往上冲。这种人每占一分便宜，便失一分人格；每捞一分好处，便掉一分尊严。从某种意义上说，乐于吃亏是一种境界，是一种人格上的升华，是一种道德的弘扬。在物质利益上不是锱铢必较而是宽宏大量，在名誉地位面前不是先声夺人而是先人后己，在人际交往中不是唯我独尊而是尊重他人，抬举他人。如此这般以吃亏为荣为乐，势必赢得人们的尊重和抬举。

　　有远大志向的人，都是在岁月的磨炼中成长起来的，是在吃亏中成熟起来的，并从而变得更加聪慧和睿智。倘若有谁一吃亏便愁肠百结，如同失了魂一样，郁郁寡欢，甚至懊恼咒骂，一蹶不振，受伤的只能是自己。这种伤害，服用任何宫廷秘方都无济于事，诊治的特效药方只有四个字：吃亏是福！

## 不争锋芒，越安全越好

　　阅青锋无数，评剑一生，求干将莫邪堪敌；识匣中秋水，不露锋芒，乃是紫气定乾坤。
　　　　　　　　　　　　　　　　　　　　——权九江

　　不争锋芒，势弱先忍，势强当起，不失为做大事之人的本色，汉高祖刘邦退据汉中，终成楚汉相争之势，最终建立汉朝。与后世南宋赵构偏安汴京，不图北上不可同日而语，刘邦忍为蓄势待发，赵构忍为苟且偷生。

项羽分封诸侯时，封刘邦为汉王，并拨给汉王三万兵马（原来汉王有十万兵马，现在只给三万），随同他前往汉中。在秦末起义军的众将领中，汉王刘邦毕竟是一位声望甚高、宽厚仁慈、有长者之风的人。当他前往汉中时，楚与各路诸侯中因仰慕而甘愿随从他前往汉中的，竟有数万人之多。这对于汉王来说，无疑是精神上的一大安慰。

汉王率所部人马前往汉中，所经过的路线是从杜县南，进入蚀中。一是可走向南直通往汉中的重要谷道，即子午谷，南端的谷口是汉中的南康县；一是可以向西到达眉县西南，走斜谷，再入褒谷。从《史记·留侯世家》"良送至褒中"的记载来看，汉王是从杜南，经蚀中，然后西行到达眉县，由眉县西入斜谷，经斜谷由关中到达汉中。

在进入斜谷之前，汉王所率领的将士们一路西行。途中，这些来自东土的士卒，仰望南面那横亘东西的秦岭，远方那层峦叠翠、耸入云端的高山，听说山峦的那边便是汉中，心中顿生迷茫之感，真不知自己所要奔往的去处究竟是天下的何方，离家乡又有多远，会是怎样的一个世界。不消说，在这一段西行的路上，将士们的心情是低沉的，人人少言寡语。

到达眉县西南，大军进入斜谷，斜谷道路狭窄，几万大军一字穿行于峡谷之中，蜿蜒有十余里之长。自进入斜谷，穿越秦岭，又是一番景象。脚踏谷底的碎石，两侧是令人望而生畏的悬崖峭壁，飞鸟哀鸣，猿猴啼叫，亦是一片凄凉的气氛。唯有头顶上的那一线天空，它既给士卒们以希望，又有几分令人恐惧，但终归还是觉得自己的生路只能系在这一线天空的前方。途中，有时要行进在峭岩陡壁的栈道之上，这种栈道是在峭岩陡壁上的险绝之处，傍山岩凿出洞孔，施架横木，铺上木板，以通行人马，而栈道下面又是万丈深渊。第一次走上这种栈道的士卒，他们一般不敢往栈道下边观看。即便如此，也难免胆战心惊。

当将士们将要走出斜谷时，人们回首顾盼，都深深地出了一口长气，经受了他们跟随刘邦转战南北以来所未经受过的洗礼与考验。

至于汉王刘邦，一路上也是思绪万千。他总是用萧何的劝谏，来驱散时时袭来的无名烦恼；又幸亏有张良等人一路陪同，或指指点点，谈笑风生；或倾听张良讲述兵法，谈古论今。在部下将士们冷眼看来，他们的汉王如此神态自若，真是他们的安危和希望所系。

不争锋芒，只是一个人成大事的手段，而不是毫无进取之心的态度；偏安一隅，只是蓄势待发的准备过程，而不是苟且偷生地活着。刘邦做到了，他成功了，这也实为一个不容忽视的事实，那就是：暂且忍耐一时，自然会风光一世。

# 四

# 学会隐忍和让步

生活中离不开忍让,英雄等待出头之日,而要忍让。忍让中具有道德、智慧,忍让中具有真善美。在忍让中不觉得苦,不觉得累。所以,忍让是一个人生存的第一能力,能屈能伸方为大丈夫本色!生活中,我们都需要忍让,都要学会忍让。

# 出头的椽子先烂

与人不求备，检身若不及。　　　　　　　　——《尚书》

水至清则无鱼，人至察则无徒。

木秀于林，风必摧之。

人非圣贤，孰能无过？有道德修养的人不在于不犯错误，而在于有过能改，不再犯过。所以用人，用有过之人也是常事，应该看到他的过错只不过是偶然的，他的大方向是好的。

《尚书·伊训》中有"与人不求备，检身若不及"的话，是说我们与人相处的时候，不求全责备；检查约束自己的时候，也许还不如别人。要求别人怎么去做的时候，应该首先问一下自己能否做到。推己及人，严于律己，宽以待人，才能团结人，共同做好工作。一味地苛求，就什么事情也办不好。

《孔子家语》记载孔子说："古代圣明的君主在帽子上挂上垂旒，是为了挡住视线。塞住耳朵，是为了让听觉模糊。水如果太清了就不会有鱼，人如果太认真了就不会有朋友。"不是不听不看，而是不去听得那么"认真"，看得过分清楚，糊涂一点（尤其是对他人的短处）不是什么坏事。

东汉光武帝刘秀能最终登上皇帝宝座，和他的胸怀宽广、善于笼络人心有关。

刘秀从饶阳脱险后,联合了许多支部队一起攻打王郎。公元24年5月,各路军马在刘秀的指挥下,攻下邯郸,杀了王郎,并且缴获了王宫里的大批文书档案。这些文书中,有几千封各地官员给王郎的信,信中说了刘秀不少坏话,劝王郎早些消灭他。当时许多人都认为这一下那些写信的人该倒霉了。谁知刘秀对这些信连看也不看,反而当着各路军马将领的面,把信全都烧了。

有些人对刘秀这么干很是奇怪,刘秀却淡淡地一笑说:"过去的事何必再追究呢?让人家睡个安稳觉吧。"这件事传扬出去,那些原来反对过刘秀的人都对他既感激又佩服,反过来愿意为他出力了。

消灭王郎后,更始帝刘玄派御史传达诏令,立刘秀为萧王,并让他交出兵权。当时王莽已经被杀,更始帝进了长安,但他不管理朝政,任部下胡作非为,很快就激起了人民的反对。全国各地的豪强地主也趁机各自拉起队伍,烧杀抢掠。只有刘秀的汉军军纪严整,赏罚分明;政治上招揽人才,争取民心,为夺取天下做足了准备。

公元24年秋天,刘秀带领汉军,先后打败了铜马军、高湖军和重连军。为了笼络人心,他封这些部队的投降将领为列侯。但是这些投降的将领并不安心,担心刘秀总有一天会收拾了他们。刘秀看出了他们的心思,就让他们各回原来的军营统领部队,然后自己骑着马,只带几个随从,到各军营去检阅。

投降的将领见刘秀这么信任他们,都很受感动,在一起议论说:"萧王这是把一颗真心放到别人肚子里,也就是推心置腹呀!我们能不为他拼死出力吗?"从此都一心向着刘秀了。

"出头的椽子先烂",过于显露自己的才能和智慧,过分地招摇,首先会招致对自己的损害,尤其是受到有妒忌之心的小人的攻击。忍耐住这种自我显示的欲望,一则能使自己谦虚好学,二则可以保护自身不受损害,有利于自己聪明才智的发挥。

张裔字君嗣,蜀郡成都人。他担任益州郡太守的时候,当地一

个大头领发动叛乱，背叛了蜀国，把他抓起来送到吴国去了。

后来吴蜀两国和好，诸葛亮派邓芝出使吴国，要他会谈之后请求孙权释放张裔。张裔被送到吴国好几年，他一直未显露自己的身份才能，因此孙权也还只当他是个平常的俘虏呢！于是邓芝一提起，他就同意释放张裔。

待到张裔临走的时候，孙权才接见他。一来孙权这人好开玩笑，二来似乎也是要试探一下张裔的才智如何，因而孙权问张裔说："听说蜀地有个姓卓的寡妇，私奔司马相如，你们那儿的风俗为什么这样不讲究妇道呢？"原来汉武帝的时候，蜀郡临邛县有个叫卓文君的女子，死了丈夫后居住在娘家，爱慕著名文学家司马相如，就和他一起私奔到成都。孙权借了这个发生在蜀地的故事来取笑张裔。但这张裔也没示弱，对孙权说："我认为卓家的寡妇，比起朱买臣的妻子来，还是要贤惠一些。"张裔说的也是汉武帝时候的故事，不过发生在会稽郡吴县。有个叫朱买臣的，起初家里很穷，他妻子嫌他寒酸，和他离了婚，后来朱买臣发迹，当了会稽郡太守，他的前妻又来依附他，最后到底感到羞愧，自己上吊死了。张裔用这个故事，对孙权反唇相讥。

孙权没占到便宜，又换一个话题，对张裔说："你回去以后，一定被重用，不会做普通老百姓，你打算怎么报答我呢？"张裔巧妙地回避了如何报答孙权的问题，只表示很感激孙权释放他，说："我是作为一个有罪的人回去的，将要交由有关部门去审理，倘若侥幸不被处死，58岁以前是父母给我的生命，从这以后就是大王您给我的了。"张裔这段话说得很得体。孙权很高兴，谈笑风生，并流露出很器重张裔的神色。

张裔刚辞别孙权走出宫廷的侧门，就很后悔在孙权面前没能装傻，于是立即动身上船，并以加倍的速度航行。

孙权果然认定张裔是个人才，怕他为蜀汉王朝效力，改变主意不想让他走了,立即派人去追。直追到吴蜀交界的地方,张裔已进入蜀国地界数十里了,追兵才无可奈何地回去了。

看来,聪明人有些时候也要装装傻,装傻也是一种智慧。张裔起初没装傻,幸亏他及时意识到了,才得以逃出虎口,否则多么危险。张裔多年忍耐,也许是到了临要回国时,放松了警惕,也许是想在最后让东吴不能小看自己,不管怎样都多少有些不理智,幸而他能及时地醒悟。

有些人根本称不上有什么美德或才智,只不过是爱显示自己某方面的能力。例如知道别人的隐私比他人多,知道什么方面的传闻比别人早,这种雕虫小技,本来根本不值得夸口。在一般情况下,忍住显示自己才智的欲望,可以获得更多的才能,同时也可以避免因为炫耀自己的才能,招致他人对自己妒忌、诋毁、攻击、陷害。

# 好汉宁吃眼前亏

> 祸起于须臾之不忍。
> ——《菜根谭》

好汉要吃眼前亏的目的是为了留得青山,要以吃眼前亏来换取其他的利益,如果因为不吃眼前亏而蒙受巨大的损失或灾难,甚至把命都弄丢了,那还有什么意义呢?

可以假设这样一个情况:你开车和别的车擦撞,对方只是"小伤",甚至可以说根本不算伤,可是对方车上下来四个彪形大汉,个

个横眉竖目，围住你索赔，眼看四周荒僻，也无公用电话，更不可能有人对你伸出援助之手后。请问，你要不要吃"赔钱了事"这个亏呢？

你当然可以不吃，如果你能"说"退他们，或是能"打"退他们，而且自己不会受伤。如果你不能说又不能打，那么看来也只有"赔钱了事"了。因为，"赔钱"就是"眼前亏"，你若不吃，换来的可能是更大的损失。

所以说："好汉要吃眼前亏"，因为"眼前亏"不吃，可能要吃更大的亏。当一个人实力微弱、处境困难的时候，也就是最容易受到打击和欺侮的时候。在这种情况下，人们的抗争力最差，如果能避开大劫也算很幸运了。假如此时面对他人过分的"待遇"，最好是"退一步海阔天空"，先吃一下眼前亏，立足于"留得青山在，不怕没柴烧"，用"卧薪尝胆，待机而动"作为忍耐与发奋的动力。

当然，这里我们所说的吃眼前亏，应把握好以下行为界限：其一，目的应该是为了渡过难关，克服别人给你制造的麻烦，以免影响你的正事；其二，这种信念所针对的麻烦应是对抗性的矛盾和冲突，而不是那些鸡毛蒜皮的小事；其三，着眼于远大目标，致力于成就大事，而不能采取卑鄙的报复行为；第四，这种信念的价值就在于以暂时之吃亏换取长久的利益。

汉初名将韩信年轻时家境贫穷，他本人既不会溜须拍马，做官从政，又不会投机取巧，买卖经商。整天只顾研读兵书，最后，连一天两顿饭也没有着落，他只好背上祖传宝剑，沿街讨饭。

有个财大气粗的屠夫看不起韩信这副寒酸迂腐的书生相，故意当众奚落他说："你虽然长得人高马大，又好佩刀带剑，但不过是个胆小鬼罢了。你要是不怕死，就一剑捅了我；要是怕死，就从我裤裆底下钻过去。"说罢双腿叉开，摆好姿势。

众人一哄围上，想看韩信的笑话。韩信认真地打量着屠夫，竟然弯腰趴在地上,从屠夫裤裆下面钻了过去。围观的人顿时哄然大笑,都说韩信是个胆小鬼。韩信忍气吞声,闭门苦读。几年后,各地爆发反抗秦王朝统治的大起义,韩信闻风而起,仗剑从军。

韩信忍胯下之辱而图盖世功业,成为千秋佳话。假如,他当初为争一时之气,一剑刺死羞辱他的屠夫,按照法律处置,岂不是以盖世将才之命抵偿无知狂徒之身?韩信深明此理,宁愿忍辱负重,也不愿争一时之短长而毁弃自己长远的前程。

这样的忍耐,不是屈服,而是退让中另谋进取;不是逆来顺受、甘为人奴,而是委小曲求大全。一旦时机到了,他就能如同水底潜龙冲腾而起,施展才干,创建功业。所以说,吃"眼前亏"是为了不吃更大的亏,是为了获取更长远的利益和更高的目标。"忍人所不能忍,方能为人所不能为。"看似英勇、心气冲天的人其实是莽夫一个;而忍气吞声、宁吃眼前亏的人才是真正的好汉。

## 能够忍辱的人有后劲

> 沙门问佛:何者多力?何者最明?佛言:忍辱多力,不怀恶故,兼加安健,忍者无恶,必为人尊。心垢灭尽,净无瑕秽,是为最明。未有天地,逮于今日,十方所有,无有不见,无有不知,无有不闻,得一切智,可谓明矣。
>
> ——《四十二章经》

忍辱是体现了释家的涵养。它包括:耐怨害忍,是对于冤家仇人的种种无理非难，能够忍受；安受苦忍，是个人修行及度化过程所存在的种种恶劣条件，如身体病弱，天气冷热，衣食不具等，都能泰然处之；谛察法忍，是对与我们认识悬殊的真理，能认同接受。忍能使我们消除愤怒，一个人倘若充满憎恨心，缺乏忍的涵养，才会产生愤怒；具备忍的涵养，就不会有愤怒了，对于别人的伤害你能心平气和，和颜相向，就很难树立怨仇，因而忍的涵养又能使彼此和谐，内心安详。

释家常常警诫弟子，即使自己智慧圆融，更应含蓄谦虚，像稻穗一样，米粒越饱满垂得越低。真正的智慧人生，必定有诚意谦虚的态度；有智慧才能分辨善恶邪正，谦虚才能造就美满人生。

修行最完满的境界即是无我。因为你能收敛自己、放大心胸、包容一切、尊重别人，别人也一定会来尊重你，接受你。唯其尊重自己的人，才更勇于收敛自己。收敛自己，要收敛到对方的眼睛里、耳朵里。既不伤害他，还要能嵌在对方的心头上。

一粒细沙就扎到脚，一颗小石子就扎到心，面对事情自然就担当不下去。不能低头的人是因为一再回顾过去的成就。看淡自己是般若，看重自己是执着。

众生有烦恼，是因为我执的关系。以"我"的自私心理为中心，以自我为大，不但使自己痛苦，也影响周围的人群跟着争执痛苦。忘我，才能于修身养性中，造就身心的健康以及幸福的人生观。

爱是人间的一份力量，但是只有爱还不够，必须还要有个"忍"——忍辱、忍让、忍耐，能忍则能安。

要做个受人欢迎的人，做个被爱的人，就必须先照顾好自我的声和色。面容动作、言谈举止，都是在日常生活中修养忍辱得来的。

有钱也苦，没钱也苦，闲也苦，忙也苦，世间有哪个人不苦呢？说苦是因为他不堪忍！越是不能忍的人，越是痛苦。娑婆世界又译成堪忍世界，意即要堪得起忍耐，才有办法在世间生存得更自在。

忍不是最高的境界，能够达到看开忍，则会觉得一切逆境都是很自然的事。

做事，一定要秉持着"正"与"诚"的原则；而待人，则要以"宽"与"忍"的态度。要以超然的姿态、宽大的心胸来容纳任何人。真正的圣人，既强又柔。他的强是柔中带刚，刚中带柔，柔能调服众生，刚能坚强己志。

佛陀不但教导众生修"慈忍"行，其对儿子也教他坚持"慈忍"。佛告诉儿子：我的一切财产都要留传给你——国家的一切财产是有形的，有损减的；而我的财产是慈忍大法，是大觉智慧，可增长你无穷的福因及难量的法财。人人都能以"慈"、"忍"施行于家庭、于一切众生，人间便会长久散发着"透彻的爱"的光芒。

争，只能"为善竞争"、"与时日竞争"，一旦它的对象从自我投射到别人身上的时候，它就成为一件很不安的事，一件很痛苦的事了。

竞争孕育了伤害的因子。只要有竞争，就有上下之别、前后之分、得失之念、取舍之难，世事也就不得安宁了。不争的人才能看清事实。争了就乱了，乱了就犯了，犯了就败了。要知道，普天之下，并没有一个真正的赢家。人们往往就是太执着，而有分别心。是你，是我，划分得清清楚楚，以致我爱的拼命去求、去争、去嫉妒，心胸狭窄，处处都是障碍。一般人常言：要争这一口气。其实真正有修养的人，是把这口气咽下去。培养好自己的气质，不要争面子；争来的是假的，养来的才是真的。

人，大多数有名利之心，与人争，与事争。如果能与人无争则人安，与世无争则事安；人、事皆无争，则世界亦安。能一字"忍"则无往不利，无事不成。人能"忍"则是非不生；出世之事业能永垂不朽，亦源自一字"忍"。

## 忍耐是一笔宝贵财富

巧言乱德,小不忍则乱大谋。　　　　　　　　　　——孔子

"小不忍则乱大谋",这句话在民间极为流行,甚至成为一些人用以告诫自己的座右铭。的确,这句话包含有智慧的因素,有志向、有理想的人,不会斤斤计较个人得失,更不应在小事上纠缠不清,而应有广阔的胸襟,远大的抱负。只有如此,才能成就大事,从而达到自己的目标。

"小不忍则乱大谋",很有些阴谋哲学的味道,其核心就是一个"忍"字。所谓"心字头上一把刀,遇事能忍祸自消。"所谓"忍得一时之气,免却百日之忧。"

那么,到底要忍什么?

苏轼在《留侯论》中说:"忍小忿而就大谋。"这是忍匹夫之勇,以免莽撞闯祸而败坏大事。

忍小利而图大业。这是"毋见小利。见小利,则大事不成。"

忍辱负重。勾践忍不得会稽之耻,怎能卧薪尝胆,兴越灭吴?韩信受不得胯下之辱,哪能做得了淮阴侯?

因此,在中国传统的观念里,忍耐也是一种美德。这一观点尽管与现代这种竞争社会不合拍,但是,很多学者已经发现,中国传统文化里有些东西并没有过时,相反,其中的学问博大精深,如果

运用于现代人的生活，必将使人们受益匪浅。其中，忍耐就大有学问，忍耐包括很多种。当与人发生矛盾的时候，忍耐可以化干戈为玉帛，这种忍耐无疑是一种大智慧。

唐代著名高僧寒山问拾得和尚："今有人侮我，冷笑我，藐视我，毁我伤我，嫌我，诡谲欺我，则奈何？"拾得和尚说："子但忍受之，依他让他，敬他避他，苦苦耐他，装聋作哑，漠然置他，冷眼观之，看他如何结局？"这种忍耐里透着的是智慧和勇气。

人生不可能总是风调雨顺，当遇到不如意、不痛快，甚至是灾难时，一个人的忍耐力往往就能发挥出奇制胜的作用。很多时候，因为小地方忍不住，而败坏了大事，这是得不偿失的。

三国时，诸葛亮六出祁山攻打司马懿，可司马懿就是不出兵应战。诸葛亮用尽了一切手段，极尽所能地侮辱司马懿，但司马懿对诸葛亮的侮辱总是置之不理。总之，司马懿就是不出来与诸葛亮交锋。等到蜀军的粮食吃完了，不得不退兵回蜀国，战争就这样结束了。诸葛亮六次出兵祁山，每次都是无功而返。司马懿之所以不战而胜，就在于一个"忍"。

与别人发生误会时的忍耐，那只是一时的容忍，比较容易做到。难得的是在漫长时间里，忍受着各种各样的折磨，而只为实现心中的理想。这种忍耐力是难能可贵的，但也是做人最应该拥有的一种能力。

人们常说，心字头上一把刀。这把刀，让你痛，也会让你痛定思痛；这把刀，可以削平你的锐气，也可以雕琢出你的勇气。小不忍则乱大谋。只要我们仍然身处在种种算计和争斗里，有些纷扰就永远不会结束。

有人说，忍耐就是一种妥协。其实，妥协不是简单的让步，而是在知己知彼的基础上达成了一种共识。不管是生活，还是工作，妥协都不仅仅是为了"家和万事兴"、"安定团结"，而且还隐含着一种坚持，这种坚持实际上就是一种坚定的决心。

　　大庭广众之中，众目睽睽之下，如果互相谩骂攻击，不仅有伤风化，使你斯文扫地，还破坏了社会的文明形象。当然，有时要做到忍，也的确不易。虽然忍耐是让人痛苦的，但最后的结果却是甜蜜的。因此，遇事要冷静，要先考虑一下后果，本着息事宁人的态度去化解矛盾，我们就不至于为了一些鸡毛蒜皮的小事而纠缠不清，更不会使矛盾升级扩大。

　　人，贵在能屈能伸。伸，很容易，但屈就很难了，这需要有非凡的忍耐力才行。只要这个人真正有智慧、有才干，不管他忍耐多久，终究会有出头之日，而且他的忍耐力反而会更加富有魅力和内涵。人生很多时候都需要忍耐，忍耐误解，忍耐寂寞，忍耐贫穷，忍耐失败。持久的忍耐力体现着一个人能屈能伸的胸怀。人生总有低谷，有巅峰。只有那些在低谷中还能坦然处之的人，才是真正有智慧的人。走过低谷，前面就是广阔天空。回过头来，那些在低谷里忍耐的日子，那些在苦难中挣扎的日子，那些在寂寞里执着的日子，都会显得弥足珍贵。

## 忍中有气量，也有力量

> 知其雄，守其雌，为天下。　　　　　　　　　　——老子

　　中国哲学中，关于刚强与柔弱的辩证关系是讨论颇多的。所谓

以柔克刚、以弱胜强，实是深知事物转化之理的极高智慧。

老子曾说："知其雄，守其雌，为天下。"意思是，知道什么是刚强，却安于柔弱的地位，如此，才能常立于不败之地。应该说，老子的这种哲学对中国的为政者也影响非浅。

在中国人看来，忍让绝非怯懦，能忍人所不能忍，才是最刚强的。天下之人莫不贪强，而纯刚纯强往往会招致损伤。

忍耐并非软弱，它显示着一种力量，是内心充实，无所畏惧的表现。古人说："君子之所以取远者，则必有所持。所就者大，则必有所忍。"忍是一种强者的心态，更是一个人的修养。在现实生活中，大凡有真本领者都善于忍耐，忍耐是为了给自己留有余地，而有了余地才能掌控住大局。

陆游说："小忍便无事，力行方有功。"它说明了忍在人生行事过程中的必要性。

早在元朝时，便有两位饱学之士许名奎、吴亮专门编纂了《劝忍百箴》和《忍经》传给后人。

清朝道光二十六年，出版了《忍字辑略》。这本书中说："金入火生光，草入火生烟，苦难也。此言耐苦犹耐火也。善忍者成如金，炼去心渣益明，不善忍者反是，怒气所熏，无不染也。"又说："古圣贤豪杰所以立大德而树大业者，莫不成于忍，而败于不能忍。"

自古以来，人们对忍已有许多阐释，吴亮的《忍经》影响了一代又一代的后人。但是，时代在前进，社会在发展，人们关于"忍"的思想也在不断地丰富。

具体说到忍的内涵，也是多方面的。

首先，具有一种超凡脱俗的精神境界。而表现出来的克制人性中的卑劣行为和欲望的思想。

其次，为了实现崇高的目标，而表现出的高度自我牺牲精神。

再次，为了某种利益的获取而主动退让。

最后，为了达到某种目的在特定人物身上表现为计谋的运用。

忍是一种强者才具有的精神品质。那些表面上盛气凌人、气势汹汹、不可一世的人，内心实际上是空虚软弱的。忍，有时看似是吃了亏，其实一个人敢于吃亏，不去占眼前的便宜，大多是因为有更高的境界和更高的追求；而那种事事处处都想占别人便宜、不愿吃亏的人，到头来往往只能收获些蝇头小利，从大处看则反而吃了大亏。

在现实生活中，我们常常遇到这样一种情况，它可能是一种平白无故的批评，也可能是一种莫名其妙的指责；它可能来自于同事和朋友们的误解，也可能是出于某些不安好心的人的唆使和阴谋。在这种情况下，如果我们不明察事理，立刻进行反击，则很容易把事情弄糟，甚至是把好事办成坏事，而"忍"则有助于我们去处理好这些问题。

"忍"是一种做人智慧，即使是强者，在问题无法通过积极的方式解决时，也应该采取暂时忍耐的方式处理，这可以避免时间、精力等"资源"的继续投入。在胜利不可得，而资源消耗殆尽时，忍耐可以立即停止消耗，使自己有喘息、休整的机会。也许你会认为强者不需要忍耐，因为他资源丰富而不怕消耗。理论上是这样，但实际问题是，当弱者以飞蛾扑火之势咬住你时，强者纵然得胜，也是损失不小的"惨胜"。所以，强者在某些状况下也需要忍耐。可以借忍耐的和平时期，来改变对你不利的因素。

"忍"有时候会被认为是屈服、软弱的投降动作，但若从长远来看，"忍"其实是藏拙务实、通权达变的智慧，凡是智者，都懂得在恰当时机忍耐，毕竟人生存靠的是理性，而不是意气。忍耐常有附带条件，如果你是弱者，并且主动提出忍耐，那么虽然可能要付出相当的代价，但却可以换得"存在"的空间和余地；"存在"是一切的根本，没有"存在"，就没有明天，没有未来。也许这种附带条件的忍耐对你不公平，让你感到屈辱，但用屈辱换得存在，换得希望，显然也是值得的。

战国时代，三家分晋是段有名的历史。当时晋国最有势力的大夫实际有四家，最强大的是智伯瑶。他想独吞晋国，常显得非常跋扈。当时，赵襄子刚继父位，立足未稳，在宴请智伯瑶时，智伯瑶当着其手下的面打了赵襄子，赵襄子隐忍不发。但后来当智伯瑶胁逼三家大夫贡奉于他时，赵襄子却首先反对，在使智伯瑶的野心暴露之后，他联合其他两家大夫，灭掉了智伯瑶。

这故事说明智伯瑶的纯刚招致了失败，而赵襄子的忍韧却确立了取胜的基础。对于领导者，为了长远的利益，为了时势、情理的转换，必要的退让不是坏事。以退为进，常常屡用屡胜的。一位优秀政治家，只有不计较一时的得失，对细微敏感的小事隐忍不计，不怨不怒，不躁不忧，方能成就大事业。

汉代的张良，曾被高祖刘邦称道。他赞誉张良："运筹帷幄之中"，却能"决胜千里之外"。但在张良年轻时，曾有这样的故事：

一次，他漫游在一座桥上，看见一位穿褐衣的老翁。那老翁见张良走近故意将鞋坠落桥下，然后，叫张良去捡。张良虽有些怨气，却没有发作，老老实实地到桥下去捡起鞋子。

老翁非但没有感谢，反叫张良给他穿上，张良知道他是故意刁难，但又忍了，便跪着替老翁穿上鞋子。老翁看也没看张良，哈哈大笑，扬长而去。

张良恼怒是必然的，但望望其背影，也只是摇头而已。谁知老翁又折回来了，说："小子可教啊！五天后黎明时在此等我。"

后张良得到老翁传授予他的兵书。正是凭此兵法，张良学有所成。帮助刘邦成就了霸业。

张良之可教，在于其有温厚、富于忍让的气度的优良品质。老翁此举实是考验了他为政的必备之德。如若张良换一种态度，这故

事将会改写,而张良最终也不过是个只会从事暗杀行当的韩国贵族后裔而已。

中国有句古话:"宰相肚里能行船。"这是现代领导者也应借鉴的经验。

## 咽下一口气问题自然解决

> 勿与人争,唯求己知。　　　　　　　　　　——《菜根谭》

一句美好的语言也许并不能化坚冰为温泉;假如你想引起一场令人至死难忘的怨恨,或许只要发表一点尖刻的批评即可。

人与人之间经常会产生矛盾,有的是因为认识的水平不同;有的是因为对对方不了解;有的是原本有某些偏见和误解。如果你有较大的度量,以谅解的态度对待别人,忍住最容易爆发的激动情绪,这样你就可能赢得时间,矛盾也可能得到缓和。

爱因斯坦博士是全世界都尊敬的人,他是全球数学、物理方面无可争议的专家。这位创立相对论和原子理论的人,竟然也咽下过一口"气"。有一天,他上汽车后,正想一个问题,数错了钱。售票员大声讽刺他:"你这么大个人,会不会算数呀!"爱因斯坦一笑置之:"不会就不会吧!"

社交过程中,由于偏见和误解常常会使一方伤害另一方。假设另一方耿耿于怀,那关系就无法融洽。如果受伤害的一方有很大的度量，不念旧恶，那会使原先持偏见者感情受到震动。

　　度量问题不是个无关紧要的小问题。度量如海还是度量如杯，在重要关头，它就可以关系到事业的成败。为一点小事斤斤计较，争吵不休，既伤害了感情，影响了友谊，也无益于你成大事，结果不是双赢而是两败。因此，捐弃个人成见，不在社交场合为区区小利争斗，不为炫耀自己而去贬低他人，发扬一点忍让精神，对许多事情进行"冷处理"，摆脱互相之间无原则的纠缠和不必要的争执，不计较一切无关大局的小事……那么，你的风度将会获得社交场合中众人的青睐，你的事业也会如虎添翼，收到双赢的效果。

　　有位爱尔兰人名叫欧·哈里，上过卡耐基的课。他受的教育不多，可是很爱抬杠。他当过人家的汽车司机，后来因为推销卡车不顺利，来求助于卡耐基。问了几个简单的问题，卡耐基就发现他老是跟顾客争辩。如果对方挑剔他的车子，他立刻会涨红脸大声强辩。欧·哈里承认，他在口头上赢得了不少的辩论，但没能赢得顾客。他后来对卡耐基说："在走出对方的办公室时我总是对自己说，我总算整了那混蛋一次。我的确整了他一次，可是我什么都没能卖给他。"

　　所以，卡耐基的难题是如何训练欧·哈里自制，避免争强好胜。欧·哈里后来成了纽约怀德汽车公司的明星推销员。他是怎么成大事的？这是他的说法："如果我现在走进顾客的办公室，而对方说：'什么？怀德卡车？不好！你就是白送我我都不要，我要的是何赛的卡车。'我会说：'老兄，何赛的货色的确不错，买他们的卡车绝错不了，何赛的车是优良产品。'

　　"这样他就无话可说了，没有抬杠的余地。如果他说何赛的车子最好，我说没错，他只有住嘴了。他总不能在我同意他的看法后，还说一下午的何赛车子最好。我们接着不再谈何赛，我就开始介绍怀德的优点。

"当年若是听到他那种话,我早就气得脸一阵红、一阵白了——我就会挑何赛的毛病,而我越挑剔别的车子不好,对方就越说它好。争辩越激烈,对方就越喜欢我竞争对手的产品。

"现在回忆起来,真不知道过去是怎么干推销的!以往我花了不少时间在抬杠上,现在我守口如瓶了,果然有效。"

正如明智的本杰明·富兰克林所说的:"如果你老是抬杠、反驳,也许偶尔能获胜,但那只是空洞的胜利,因为你永远都得不到对方的好感。"

因此,你自己要衡量一下,你是宁愿要一种字面上的、表面上的胜利,还是要别人对你的好感?你可能有理,但要想在争论中改变别人的主意,一切都是徒劳。那就不妨试试先咽下一口气再说。

## 让步为高 宽人是福

处世让一步为高,退步即进步的张本;待人宽一分是福,利人实利己的根基。
——《菜根谭》

为人处世能够做到忍让是很高明的智慧,因为退让一步往往是进步的阶梯;对待他人宽容大度就是有福之人,因为在便利别人的同时,也为方便自己奠定了基础。

齐国相国田婴门下,有个食客叫齐貌辩,他行为举止不拘细节,我行我素,常常犯些小毛病。门客中有个士尉便劝田婴不要与这样的人打交道,田婴不听,那士尉便辞别田婴另投他处了。为这事门客们愤愤不平,田婴却不以为然。田婴的儿子孟尝君便私下里劝父亲说:"齐貌辩实在讨厌,你不赶他走,倒让士尉走了,大家对此都议论纷纷。"

田婴一听,大发雷霆,吼道:"我看我们家里没有谁比得上齐貌辩。"这一吼,吓得孟尝君和门客们再也不敢吱声了。而田婴对齐貌辩却更客气了,住处吃用都是上等的,并派长子伺奉他,给他以特别的款待。

过了几年,齐威王去世了,齐宣王继位。宣王喜欢事必躬亲,觉得田婴管得太多,权势太重,怕他对自己的王位有威胁,因而不喜欢他。田婴被迫离开国都,回到了自己的封地薛。其他的门客见田婴没有了权势,都离开他,各自寻找自己的新主人去了,只有齐貌辩跟他一起回到了薛地。回来后没过多久,齐貌辩便要到国都去拜见宣王。田婴劝阻他说:"现在宣王很不喜欢我,你这一去,不是去送死吗?"

齐貌辩说:"我本来就没想要活着回来,您就让我去吧!"田婴无可奈何,只好由他去了。

宣王听说齐貌辩要见他,憋了一肚子怒气等着他。一见齐貌辩就说:"你不就是田婴很信从、很喜欢的齐貌辩吗?"

"我是齐貌辩。"齐貌辩回答说,"靖郭君(田婴)喜欢我倒是真的,说他信从我的话,可没这回事。当大王您还是太子的时候,我曾劝过靖郭君,说:'太子的长相不好,脸颊那么长,眼睛又没有神采,不是什么尊贵高雅的面相。像这种脸相的人是不讲情义,不讲道理的,不如废掉太子,另外立卫姬的儿子郊师为太子。'可靖郭君听了,哭哭啼啼地说:'这不行,我不忍心这么做。'如果他当时听了我的话,就不会像今天这样被赶出国都了。

"还有,靖郭君回到薛地以后,楚国的相国昭阳要求用大几倍的地盘来换薛这块地方。我劝靖郭君答应,而他却说:'我接受了先王的封地,虽然现在大王对我不好,可我这样做对不起先王呀!更何况,先王的宗庙就在薛地,我怎能为了多得些土地而把先王的宗庙给楚国呢?'他终究不肯听从我的劝告而拒绝了昭阳,至今守着那一小块地方。就凭这些,大王您看靖郭君是不是信从我呢?"

宣王听了这番话,很受感动,叹了口气说:"靖郭君待我如此忠诚,我年轻,丝毫不了解这些情况。你愿意替我去把他请回来吗?我马上任命田婴为相国。"

田婴待人宽和,终因此而复相位。

为人处世,忍让为本。但律己宽人同样是种福修德的好根由。为人在世,谁也保证不了不犯错误,谁也难免得罪人,但能得到人家的宽容,你自然会感激不尽。当然,人家也会冲撞于你,冒犯于你,若你能宽容待之,人家就会认为你坦诚无私,胸襟广阔,人格高尚,于是你的身边会挚友云集,甘愿为你赴汤蹈火。

## 有顺有让,处世之道

终身让人道,从不失寸步。
——曾国藩

仁者,忍也。即我们不论何时何地,与任何人接触,都必须互相仁爱,互相忍让。

"仁"的思想贯穿于孔子的整个哲学体系,同时也是孔子在生活中对待人际谋略的真谛。《论语》一书谈及"仁"者，约有六十处，而他对于人际关系的论述，基本上都是围绕一个"仁"字来说的。所以，我们借鉴孔子的人际谋略思想，就是突出学习他"仁"的道理。

孔子是我国伟大的思想家，在他的一生中，遍历人间百味，历阅人生百态。在不断自我超越后，终于实现了自己的理想，并为后世树立了完美的典范。不过，我们应该知道，在孔子的心目中堪为世人典范者应该具备的素养，正是一个"仁"字。因此，能够体现"仁"者，才是了不起的大人物，才是众人中的君子，才是学业、事业上的上上智者。

关于"仁"是怎样的一种概念，孔子本人也并未提出完整的回答，而是因人、因事，随机解说。譬如，他说："巧言令色，鲜矣仁。"他认为：那种即使拥有无碍的辩才，不违背他人心意的应对方法的人，实已远离仁也。又说："刚毅木讷，近仁。"他认为，那种言辞鲁钝而心地质朴的人，其行止近乎仁。这里，孔子正是提供给我们一面鉴察他人言行真伪的镜子，这就是"仁"理在人际谋略运用中的作用。

再举个例子：孔子有个叫樊迟的弟子，与孔子的对话中，可以明显地看出，"仁"的广泛的、抽象的含义，曾经问"仁"三次，孔子的回答，俱不相同。樊迟问仁。子曰："爱人。"再问仁。曰："仁者先难而后获，可谓仁矣。"第三次，孔子的回答稍微具体一些："居处恭，执事敬，与人忠。"

仔细分析上文中的三种回答，虽然各不相同，但是意思基本上大同小异。坦然地阐述了"仁"的意旨，即"仁"应该在"爱人"、"与人"中方能体现，离开了人，则"仁"之不显。可见，人际谋略在孔子的思想中，正是展现"仁"的舞台。浩瀚如烟的人际关系，正是施展"仁"的肥沃土壤。

刘宽就是这种"仁"的思想的一个光辉典范。他是我国汉代的南阳太守，为人仁义高尚。在当太守时，小吏、百姓干了错事，他只是让差役稍加处罚，表示羞辱。他的夫人为了试探丈夫是否像人们所说的那样仁厚，便让婢女在他和下属集会办公的时候捧出肉汤，故意把肉汤泼在他的官服上，结果刘宽不仅没发脾气，反而问婢女："肉羹烫了你的手吗？"

有人曾经错认了他驾车的牛，硬说这牛是他的，刘宽也不说什么，叫车夫把牛解下来给那人，自己步行回家。后来，那人找到自己的牛，便把牛送还给刘宽，并且向他赔礼道歉，刘宽反而安慰那人。

刘宽这样做太守的官员，有这样的君子之雅量，有理也让人三分，真可谓世人之典范。

唐代的鱼朝恩由一个小太监，到最后位极人臣。在此期间，他暴戾恣睢，任意行事，朝廷官员对他都是惧怕有加，惶惶不可终日。宰相们有时在一起商讨政事，由于事先没有同他商量，他就瞪着眼睛发怒说："天下的事情，难道可以不通过我吗？"因此，他到了一个人神共愤的地步。代宗对他十分不满。鱼朝恩的小养子名令徽，十四、五岁，开始在内殿供职，皇上因为鱼朝恩的缘故，就特地赐给他绿色官服。有次上朝的时候，有个品级在鱼令徽之上的同列宦官，在殿前排班列队的时候担心自己落在后面，就抢着往前走，不小心碰了鱼令徽的手臂。鱼令徽认为受到了欺负，回去马上告诉了鱼朝恩，认为是自己官位太低才受了同僚的欺负。鱼朝恩想了想也很生气，于是第二天上朝，在皇上面前进言："臣的小儿子令徽，办事得体有力，只是官位排在同僚们的下面，希望陛下特别赐他金章，让他排到同僚的前面去。"皇上还没有答应呢，而鱼朝恩便自作主张，下令所司捧紫衣而来，令小儿子令徽谢皇恩于殿前。皇帝虽然不愿意，也无可奈何，只好随声附和："卿儿着紫衣，大体差不多。"鱼朝恩专横气焰如此嚣张，后来代宗决意除掉他，设计派人把他缢死。天下人无不称快。

鱼朝恩强人所难，炙手可热。尽管皇上一时也不能怎样他，却从此埋下了祸根。最后，还是被代宗皇帝设计缢死。

因此，我们在与他人的交往中，应尊重他人的志趣和意愿，懂得顺让之道，不强为排逆，因为那样对谁也没有益处。

# 为了不"折"，弯一下腰又何妨

退让一步难处易处，功到将成切莫放松。　　——《菜根谭》

假如你和对手或上司产生了冲突，论力量，你是鸡蛋，而对方是石头，你怎么办？是像头脑简单的拼命三郎那样以卵击石，白白地送命呢，还是避其锋芒，等自己也变成石头，变成比对方更大的石头再有所图谋呢？选择前者还是后者，从中就可以看出你是不是办大事的人了。

试想，为争一时之气而拼个你死我活，于己于事又有何益呢？泰山压顶，先弯一下腰又何妨？折断了就永远断了，而弯一下腰还有挺直的机会。

明太祖朱元璋在位时，有一位吏部科给事中，名叫王朴，曾因直谏，触了龙颜而被罢官。不久，又被起用做御史，他马上评议当时的时政。在朝廷之上，多次与皇帝争辩是非，不肯屈服。

一日，为一事与明太祖争辩得很厉害。太祖一时非常恼怒，命令杀了他。等临刑走到街上，太祖又把他召回来，问："你改变自己的主意了吗？"王朴回答说："陛下不认为我是无用之人，提拔我担任御史，奈何摧残污辱到这个地步？假如我没有罪，怎么能杀我？有罪何必又让我活下去？我今天只求速死！"朱元璋大怒，赶紧催促左右立即执行死刑。

不是说生性耿直不好，但王朴实在是太不开窍了，心中那种傲气犟劲一产生就消除不了，而且越来越旺，连皇帝给他机会都不要。这固然是受愚忠思想的毒害，但也与他心高气傲、不懂处世策略有很大关系。他不懂得"弯"与"折"的辩证法——尤其在一言九鼎的皇帝面前，以致毫无价值地送了自己的小命。而下面这个发生在现实中的故事也许能更形象地说明这个道理。

张某是学经济的，大学毕业后，分配在省城的一所大学里教书，虽然已在省城安家立业，但每年都要回一次老家。每一次回家，他的心灵就被震撼一次，改革开放这么久了，家乡的山依旧荒芜，乡亲们的生活依旧贫困。

张某决心为家乡闯出一条致富之路。他毅然辞去大学的教职，回到家乡承包了40亩荒地，开始创建他的示范农场。

可是，不到两个月，他就和村干部们发生了冲突。一次，因为干部吃吃喝喝，张某当面提了意见，他坦诚地说："论辈分，你们都是我的叔叔大爷。可群众生活这么苦，干部不应该这样多吃多占。"干部们一愣，多少年了，还没有人敢当面说他们的不是呢。他们手捏酒盅，小声议论说："这小子，读了几年书，就翘尾巴！"

又一次，因为乡里干部们按亲疏远近划分宅基地，张某找干部评理，又一次得罪了乡里干部。

张某拿出自己的全部积蓄，在山上盖起了石屋，开始了农场的建造，可是，他遇到了一连串的麻烦：实施计划需要的炸药，要乡里干部开证明才能购买，他受到了无端的刁难；农场需要资金，他又遭到乡里干部的冷眼……有人劝张某为了你的事业，去找干部服软认错，以换得他们的理解和支持，或是给有实权的部门送点礼，争取贷款，否则你将一事无成。张某口气强硬："做人要有人格，我绝不向卑劣的行为卑躬屈膝。"

张某最终只能无奈地守着空屋，守着他的农场，守着他的人生梦想。

另一位大学生李某是学工科的，毕业后分配在县城工作。他嫌机关太冷清，主动要求到基层工作，以便实现他的抱负——开发山里的矿产资源，造福家乡父老。

刚出校门一个月，他也有过类似张某的遭遇。那是在建造家乡选矿厂时，李某发现，用来建厂的大部分钢材被领导拿去送人了。他气愤地去找领导质问："你怎么能拿公有的东西随便送人呢？"领导拍了拍李某的肩膀，开导说："你呀，刚出校门，不懂得人情世故，搞设计不能死抠实际需求量，还必须把一些人为的损耗加进去，这是大学里学不到的知识。"

李某恍然大悟，不再坚持自己的意见。这样，他安然度过了自己步入社会的第一个险滩。在领导的眼里，李某能干而又听话。几个月后，他被任命为副乡长。

李某为改变家乡的面貌处心积虑，四处奔波。与此同时，他也不得不一次次地做了许多违背自己初衷的事，但他又一次次地原谅了自己。

人们夸奖李某脑子特别灵活。的确，通过几年的奔波建厂，李某悟通不少"人情世故"。他主持工作的那个乡，乡镇企业产值和利润年年翻番，人均收入也大大提高，人们对他更是赞不绝口。

由于他突出的"政绩"，三年以后，他被提拔为乡长、乡党委书记。又过了两年，他被提升为主管工业的副县长。

张某和李某两人的态度和方法导致两人的不同命运。虽然，我们会在内心钦佩张某这种高洁的人格，但又不能不看到：他的确一事无成，不但自己的一腔抱负无法施展，而且也无法给他的乡亲们带来一丁点儿好处，只能固守着他的清高孤傲而一无所成；李某为了不"折"而"弯"了一下，一方面坚持着自己的原则和初衷，另一方面走了一条圆通的道路，这使得他既实现了自己的价值又为乡亲们办了实事，所以在现实生活中，李某的这种为办大事宁弯不折的处世之道，只要严守法律的界限，不失为一种务实的、行得通的做法；而张某的那种心高气傲的书生气是办不成事的。

处世为人，心可高，但气不能傲。倘若总是盛气凌人，便容易惹火烧身。真正聪明的人，就算骨子里再傲，也能够做到外表谦和、敬人如师。只有这样，做人做事才能少一些羁绊，多一些顺畅。

## 不斤斤计较就是一种豁达

子贡曰："管仲非仁者与？桓公杀公子纠，不能死，又相之。"子曰："管仲相桓公，霸诸侯，一匡天下，民到于今受其赐。微管仲，吾其被发左衽矣。岂若匹夫匹妇之为谅也，自经于沟渎，而莫之知也。"

——孔子

子贡拿个人的人格来看管仲，可以说他是不仁不义。齐桓公杀了公子纠，管仲本来追随公子纠的，照理也应该殉死，他却不能以死尽忠，后来反而更进一步投降齐桓公，居然贪富贵做宰相，就更不对了。

孔子说，政治道德、人生道德，很难评论得公平中肯。管仲投降了齐桓公以后，帮助齐桓公在诸侯中称霸，把当时那么乱的社会匡正过来，对历史的贡献，对国家民族社会的贡献太大了。

孔子还告诉子贡，管仲对历史的贡献有如此的大，没有管仲，我们的文化都可能灭绝了。这种情形，又怎么是普通男女认为他怎么不为公子纠而死的观念可比呢？公子纠对管仲并不信任，不听管仲的意见，如听管仲的意见，就不会有齐桓公，而是公子纠起来了。公子纠不以管仲为国士，管仲也不必要为公子纠殉死。这就不能拿普通一般人的看法来责备管仲了。普通人一碰到失败就自杀，毫无价值，好像倒在污水沟里，这样一死了之，又有什么意义？所以他不轻易为公子纠而死，以致后来才有这么大的贡献。

其实，孔子对管仲这个人是有认可也有否定的，但总的说来，他肯定了管仲有仁德。根本原因就在于管仲"尊王攘夷"，反对使用暴力，而且阻止了齐鲁之地被"夷化"的可能。没有在他的节操与信用上斤斤计较。

人们常说："凡事不能不认真，凡事不能太认真。"一件事情是否该认真，要看场合来定。

荷马·克鲁伊是个作家，以前他写作的时候，常常会被纽约公寓热水管的响声吵得心烦意乱。他说："后来有一天，我和几个朋友一起去露营，当我听到木柴烧得很响时，突然想到，这些声音多像热水管的响声啊！我为什么会喜欢这种声音，而讨厌家里的那种声音呢？回到家以后，我就试着对自己说，热水管的声音就像木柴燃烧的声音一样好听，然后我就埋头大睡。刚开始那几天，我还会留意热水管的声音，可是不久我就把它们全忘记了。"

荷马聪明地摆脱了一个小小的困扰，如果他一味地在这件事情上纠结不清，最后不见得就能解决问题，还白白浪费了时间。

一个人要想生活在一个健康的环境里，就一定不要斤斤计较个人的得失。

英国有一位很著名的作家，出身极其穷苦，他的成功是靠着从艰苦卓绝之中，抱着百折不挠的精神，长期奋斗得来的。他有一个习惯，那就是从不在乎别人付给他的稿酬多少。当他暮年的时候，各大书局竞相寻觅他的佳作，他的酬金版税也就丰厚起来。

但好景不长，他不久就生了一场大病，并且生命垂危。这个消息一传开，就有很多访问者赶来探望，他们的目的就是为了得知他的遗嘱，然后在各报发表。这班人马站在病床旁边向他请求说："老先生，你是挑战恶劣环境的胜利者，那种百折不回，刻苦自励的精神，真使我们敬佩无比。你已功成名就，对我们这班崇拜你的青年，景仰你的后生有何教诲？我们愿意知道先生的秘诀，胜利的方法，以作我们的指引。"

那位老先生听了这番诚恳的请求，只是微微地睁开了昏花的老眼向着他们看了看，仍旧一言不发。

他们又向他请求说："请老先生饶恕我们的烦扰，在你病中唠唠叨叨，实在对不起。我们是新闻杂志的记者，愿意听听先生最后的教诲，不但我们获益，在报上发表以后，不知又将造福多少青年，因此务请不吝赐教，我们谨候恭听。"

"成功么？秘诀么？有，请看马太福音十六章二十六节。"老先生轻轻地说完上面的话，便合上了双眼，与世长辞了。他们一一记在纸上，连忙打开圣经看，只见上面写的是："人若赚得全世界，赔上自己的生命，有什么益处呢？人还能拿什么换生命呢？"

是的，人即使得到了整个世界，却付出了整个生命，又有什么益处呢？因此，人一定不要斤斤计较个人的得失。

不斤斤计较的人们拥有豁达的胸怀，即使在他们去世之后，也让人们深深地怀念。不斤斤计较是一种明智，一辈子不吃亏的人是没有的。

同事间你来我往，无法做到绝对公平，总是要有人承受不公平，要吃亏。倘若人们强求世上任何事物都公平合理，那么，所有生物连一天都无法生存——鸟儿就不能吃虫子，虫子就不能吃树叶……

既然吃亏有时是无法避免的，那何必去计较不休、自我折磨呢？事实上，人与人之间总是有所不同的。别人的境遇如果比你好，那无论怎样抱怨也无济于事。最明智的态度就是避免提及别人，避免与人比较这比较那。而你应该将注意力放在自己身上，"他能做，我也可以做"，以这种宽容的姿态去看待所谓的"不公平"，你就会有一种好的心境，好心境也是生产力，是创造未来的一个重要保证。

不斤斤计较，也是一种高明的处世方法。

大凡当领导的，都喜欢办事得力、不斤斤计较个人得失的部下。阳刚之气过盛的领导更不喜欢斤斤计较个人得失的部下。要取得他的信任，首先你自己要付出巨大的努力。凡是领导交给你的工作都要尽最大的力量去完成，争取每一件事都做得漂漂亮亮。对待个人利益一定要以大局为重，不去斤斤计较。遇到一些非原则性的小事，尽管自己觉得委屈，也不要去招惹你的上司，以免同他产生对立情绪。这样，就会让他觉得，他欠你的太多，在需要的时候，他必然首先想到你。

常言说："吃亏是福。"就是这个道理。

有时候，退一步海阔天空，换个思维想一想，一切就都迎刃而解了。所以，凡事总能找到解决的途径，只要你肯动脑筋。对于一些无关紧要的小事，你真的不必太过计较。人生苦短，多留些快乐的日子给自己吧！

# 五

# 该糊涂时就不要认真，
# 该妥协时就一定让步

要做到难得糊涂,必须要做到"该糊涂时糊涂,不该糊涂时决不糊涂"。人生难得糊涂,贵在糊涂,乐在糊涂,成在糊涂。所以掌握了难得糊涂,会使你恍然顿悟,会带给你一种大智慧,会让你获得一种前所未有的达观和从容。

## 贵在"难得糊涂"

难得糊涂。
——郑板桥

清代文学家、书画家郑板桥,刻有一图章,上面刻的是四个篆字,"难得糊涂"。所谓"难得糊涂"实际上是最清楚不过了。正因为他看得太明白、太清楚、太透彻,却又对个中缘由无法解释,倘若解释了,更生烦恼,于是便装起糊涂,或说寻求逃遁之术。

历史上,真正达到板桥先生"难得糊涂"这般意境的还是大有人在。如苏东坡,他本是一个博学正直的乐天派,可偏偏不为当权派所容,一辈子被贬谪再被贬谪。东坡居士有首名诗:"人皆养子望聪明,我被聪明误一生。惟愿孩儿愚且鲁,无灾无难到公卿。"但他是因为现实的太多不如意,这恐怕也只是无奈的难得糊涂!

现实人生确实有许多事不能太认真、太较劲。特别是涉及到人际关系,错综复杂,盘根错节。太认真,不是扯着胳臂,就是动了筋骨,越搞越复杂,越搅越乱乎。顺其自然,装一次糊涂,不丧失原则和人格;或为了公众为了长远,哪怕暂时忍一忍,受点委屈,也值得。心中有数(树),就不是荒山。有时候,事情逼到了那个份上,就玩一次智慧,表面上给他个"模糊数学",让他丈二和尚摸不着头脑,也是"难得糊涂"。

"难得糊涂"并不是真的糊涂,而是将事情看得清清楚楚,明明白白，只是出于某种原因，不便于直截了当，这种情况下就要采取一定的糊涂战术。确实，在生活或工作中，并不是什么时候都需要明明白白的，在某些特定的场合，出于某种特别的考虑，说得含含糊糊一点儿效果反而更好。

　　清朝的嘉庆皇帝，登位后对前代留下的一些遗留问题进行清理，还准备破格提拔几位曾为父王作过贡献却被奸臣排挤、打击的官员。但这破格提拔的事在清朝历代尚无先例，群臣反应不一。嘉庆拿不定主意，便问老臣纪昀。纪昀沉吟良久，说："陛下，老臣承蒙先帝器重，做官已数十年了。从政，从未有人敢以重金贿赂我；为了撰文著述，也不收厚礼，什么原因呢？这只是因为我不谋私、不贪财。但是有一样例外，若是亲友有丧，要求老臣为之点主或作墓志铭，他们所馈赠的礼金，不论多少厚薄，老臣是从不拒绝的。"

　　嘉庆听完纪昀一席话感到莫名其妙，进而想一想，才点头称许，于是下定破格提拔这批官员的决心。

　　其中是何原因，原来纪昀用模糊之法，提出自己赞成皇上应该放下包袱，大胆去做的建议。纪昀的这番话听起来言不及义，但细究起来里面大有文章。既然为官清廉，何以对亲友之丧事点主、作铭所得概不拒绝呢？为祖宗推恩无所顾忌之故也。您嘉庆皇帝破格提拔曾为先帝作过突出贡献的官员，本来也是为祖宗推恩，弘扬先帝的德化，还有什么可顾忌的呢？这不正和我纪昀为别人点主、作铭不推却馈赠，好让死者的后人为死者尽孝的道理一样吗？嘉庆皇帝聪慧，哪能悟不出纪昀的话中话呢？

　　纪昀为何如此含含糊糊呢？出于两种考虑：其一，虽然建议破格提拔这些官员，但没明说，此意见倘若被采纳，是成是败，名义上自己都没有介入，皇帝也好，其他人也好，抓不着把柄；其二，嘉庆皇帝秉性聪明，而且有好自作主张的特性。不说吧，自己的意见皇上不清楚，而且皇上会不高兴。倘若说白了，恐有教导皇帝、不自量力的忌讳，起副作用。不如用此模糊之法，让皇帝自己"悟"出道理来，既说出了自己的意见，又迎合了皇帝好自作主张的秉性。纪昀此举，真是一次一举两得的糊涂。

"难得糊涂"作为"牢骚气"，原本就是缘由"不公平"而发的。世道不公，人事不公，待遇不公，要想铲除种种不公，又不可能，或自己无能，那就只好举起这面"糊涂主义"的旗帜，为自己遮盖起心中的不平。假如能像济公那样任人说他疯，笑他癫，而他本人则毫不介意，照样酒肉穿肠过，"哪有不平哪有我"，专捡达官显贵"开涮"，专替穷人、弱者寻公道，我行我素，自得其乐。这种癫狂，半醒半醉，亦醉亦醒，也不失为一种"糊涂"。这种糊涂真正是"参"透、"悟"透了。所以当你直面现实，要学笑容可掬的大肚弥勒佛，"笑天下可笑之人，容天下难容之事"，那就会进入一种超然的境界。

## 该清醒时要清醒

> 诸葛一生惟谨慎，吕端大事不糊涂。 ——《宋史·吕端传》

该糊涂时糊涂，该清醒时清醒。这句话里面可有大学问。有句成语"吕端大事不糊涂"，说的是无关紧要的事就不必计较，不卖弄学问，不要小聪明，而在关键时刻，才表现出大智大谋。中国古代这样的大智若愚者是很多的。

楚庄王刚刚继位，就整天不理朝政，每天只知田猎消遣，酒色欢谑，与宫女日夜歌舞作乐。还在朝堂门口悬挂一条命令："有敢谏者，死无赦！"朝臣都不敢作声。这样三年过去了。

忽然有一天，有人要见庄王，此人名叫成公贾。庄王问道："你来干什么？是要喝酒、听音乐吗？"成公贾正色回答说："我不喝酒，也不听音乐，是来给你说说隐语解闷的。"

接着，成公贾讲了这样一个故事。他说："刚才无事去郊外闲走，有人对我说了这样一个隐语，我不明白，想请大王明示。那隐语说：有只大鸟，身披五色花纹，栖息在楚国的高坡上已有三年，只是它总是不动，不知这是什么鸟？"庄王回答说："我明白了，这不是凡鸟。三年不动，是在暗下决心；三年不飞，是在丰满羽翼、积蓄力量；三年不叫，是在观察周围情况。此鸟不飞则已，一飞冲天；不鸣则已，一鸣惊人。"

庄王其实很聪明，听懂了成公贾的意思。他的回答，是在表达自己的想法。

原来，楚庄王即位时，朝政还很混乱，他自己年纪很轻，没有威慑力。他的两位老师斗克（又名子仪）和公子燮拥有很大的权力，结伙作乱，蠢蠢欲动。庄王即位后，他们假王命派令尹子孔和太师潘崇去对舒人作战，而当子孔、潘崇出征后，他们又将子孔、潘崇两家的财产分掉，并派人刺杀子孔。当阴谋败露后，斗克和公子燮挟持庄王出逃。庄王在庐地获救后才回到国都亲政。在这种形势下，庄王龟缩潜伏。如今羽翼已逐渐丰满，所以，庄王接着对成公贾说："我知道做什么了，你等着吧。"

第二天，庄王突然上朝理政，接连甩出大手笔，提拔了五个有才德的官吏，还惩办了十名为非作歹的赃官，百姓拍手称快。接着，庄王下诏，派郑公子归伐宋，派蒍贾进攻晋军，以解救郑国的危难。

结果，纷纷告捷：郑公子归战胜了宋人，抓获了宋国的执政人华元，还打败了晋军，俘虏了晋军的将领解扬。

从这以后，在庄公的治理下，楚国日益强大，庄王准备逐鹿中原。

"一鸣惊人、一飞冲天"实际上是一种养精蓄锐的谋略。养精蓄锐就是积蓄力量，从容应变。养精蓄锐者大都胸怀开创自己事业的大志，可是又缺乏展现宏图大志的充分条件，于是，采取暗中积蓄实力，蓄养精神的谋略。而一旦时机成熟，便全力出动，"一鸣"而众人惊，"一飞"而冲云霄。

大智若愚，从一个角度来看，是说这个人明白利害冲突，孰重孰轻。对于一个人来说是一种很高的修养。所谓愚，并非自我欺骗，或自我麻醉，而是有意糊涂。一些情况下，需要我们糊涂，就不要在意别人的看法、自己的地位、自己的利益，一定要糊涂；而该聪明、清醒的时候，就一定要客观冷静地展现自己，同时也不要计较那么多。左右逢源，必能游刃有余于人际之间。不为烦恼所扰，不为人事所累，这样你也必会有一个幸福、快乐、成功的人生。

# 过刚的易衰，柔和的长存

故坚强者死之徒，柔弱者生之徒。是以兵强则灭，木强则断。强大处下，柔弱处上。
——老子

所以过于坚强之个性的人，就是走向死亡的人，个性柔弱的人就是能生存的人。所以用兵过强，反而不会胜利，木过强硬则容易断掉。强大之个性，想要居人上，反过来就败在人下，柔弱自守之人，反过来就高居在上。

老子所参悟的"过刚的易衰，柔和的长存"似乎与所罗门的智慧之语"柔和的舌头能折断百骨"不谋而合。绳锯木断，水滴石穿也是这个道理。生命的质量不在于它的硬度而在于它的韧性，鲁迅生前最推崇的就是坚韧的精神。"韧"字的含义是：百折不挠，勇往直前。人如果没有一股韧劲，干什么都不会成功。

有这样一个故事，商容是殷商时期一位很有学问的人。在他生命垂危的时候，老子来到他的床前问道："老师还有什么要教诲弟子的吗？"商容张开嘴让老子看，然后说："你看我的舌头还在吗？"

老子大惑不解地说："当然还在。"商容又问："那么我的牙齿还在吗？"老子说："全都落光了。"商容目不转睛地注视着老子说："你明白这是什么道理吗？"老子沉思了一会儿说："我想这是过刚的易衰，而柔和的长存吧？"商容点头笑了笑，对他这个杰出的学生说："天下的许多道理几乎全都在其中了。"

你知道拿破仑在滑铁卢一役中是被谁打败的吗？答案是英国的威灵顿将军。这位打败英雄的英雄并不只是幸运而已，他也曾尝过吃败仗的滋味，并且多次被拿破仑的军队打得落花流水。

最落魄的一次，威灵顿将军几乎全军覆没，只好落荒而逃，迫不得已，只好在一个破旧的柴房里藏身。

在饥寒交迫中，他突然想起自己的军队已经被拿破仑打得七零八落，伤亡惨重。这样还有什么面目去见江东父老呢？万念俱灰之下，他只想一死了之。

正当他心灰意冷的时候，忽然看见墙角有一只正在结网的蜘蛛。一阵风吹来，**蛛网立刻被吹破了，但是蜘蛛并没有就此停下来，它再接再厉，努力吐丝，立刻开始重新结网。

好不容易快要结成时，又一阵大风吹来，蛛网又散开了。蜘蛛毫不气馁，转移阵地又开始编织它的网。

像是要和风比赛一样，蜘蛛始终没有放弃。风越大，它就织得越勤奋。等到它第七次把网织好以后，风终于完全停止了。

威灵顿将军看到了这一幕后，心中思潮汹涌，不禁有感而发：一只小小的蜘蛛都有勇气对抗大自然这个强大的劲敌，何况自己一个堂堂的将军，更应该奋战到底，怎能因为一时的失败就丧失了斗志呢？

于是，威灵顿将军坦然接受了失败的事实，并且重整旗鼓。苦心奋斗了八年之久，最后在滑铁卢之役一举打败拿破仑，一雪当年的耻辱。

威灵顿将军赢就赢在坚忍不拔的品格上。如果说，世界上有一种药能够救人于失败落魄的境地中，那么这剂药的名字就叫"坚韧"。

在一本书里曾有过这样一段文字：你是鸡蛋还是胡萝卜？假设鸡蛋和胡萝卜是两个人，他们同时面临着被水煮这个困境，而他们的反应是不一样的。鸡蛋被水煮过之后蛋清与蛋黄凝固，比先前还要硬。而胡萝卜却没有了先前的脆而被软所代替。物犹如此，人何以堪？有的人在困难面前展现了他的坚韧，打败了困难，有的人则在困难面前畏惧、退缩。

富兰克林说："有耐心的人，无往而不利。"耐心就是一种坚韧，需要特别的勇气，需要不屈不挠，坚持到底的精神。这里所谓的耐心是动态而非静态的，主动而不是被动的，是一种主导命运的积极力量。这种力量就是坚韧，以一种几乎是不可思议的执着，投入到既定的目标中，才具有人生的价值。

人的一生如果过于顺利，就如温室里的花朵一样，虽然也能绽放艳丽，但却缺乏一种源于大自然、经历风吹雨打后展现出的生命力。世间万物只有经过大自然狂风暴雨的洗礼和锤炼后，才能展现出旺盛的生命力。人生也是如此，当一个人处身于逆境之中，若能坚强地忍受一切的不如意，甚至于磨难，而后仍屹立不倒，他便是强者！

生活就像是一场现场直播的演出，你没有任何选择的余地，你会无数次地被命运之手推拒在主场之外，因此你的激情没有了，曾经的笑脸也没有了……在生活的惯性思维中，你开始变得沉默和妥协。慢慢地，你的棱角被磨平了，淹没于人海之中了。只有保持一种特别的坚韧，才能让我们的生活更美好，更有意义。

记得米兰·昆德拉曾说过："生活，是持续不断地沉重努力，为的是不在自己眼中失落自己。"作为人，只有坚韧地承受着各种的失意和寂寞，才能不迷失自己，才能笑到最后，也才能笑得最好！

## 太过于欣赏自己的人，永远看不清自己

> 若多少有闻，自大以骄人，是如盲执烛，照彼不自明。
> ——《法句经·多闻品》

在日常生活中，我们经常看到的是一些非常看重自己的人。他

们总以为自己很了不起，高高在上，盛气凌人；总以为自己博学多才，满腹经纶，一肚子学问，一心只想干大事，创大业；总以为自己是个能工巧匠，别人什么都不行，只有自己最行，总以为自己出身高贵，苦活累活是别人的事情，自己怎能吃苦受累？于是，稍不如意，便牢骚满腹，怨天尤人。说穿了，这是太看重自己导致的心理失衡。

关于自高自大的危害，佛家在《法句经·多闻品》中作了这样的总结："自己懂了一点东西，就自高自大骄傲于人，这就好像盲人手执灯烛，照亮了别人自己却看不到光明。"因此，善于看轻自己，其实是一种高明的人生策略，它需要豁达的胸怀和冷静的思考。

善于看轻自己的人，懂得自己只是芸芸众生中的一分子，不会自高自大、自命不凡；善于看轻自己的人，懂得只有努力奋斗，开拓进取，才能一步一个脚印地攀登人生的高峰；善于看轻自己的人，为人谦虚、厚道，容易取得别人的信任和敬重。

一个人如何修养自己的品德，的确是非常重要的。由于人们的修养不同，所以人们的品性也有着很大的差别，比如说有的人自以为是；有的人自高自大；有的人傲慢无礼；有的人偏听偏信等等，这未必对自己有什么好处。不仅如此，反而会给自己招致麻烦和灾难，因此说修身养性对我们来说是至关重要的。

那么我们该如何修身养性呢？虽然有的人不以为然，认为这是多此一举，虽然有的人也懂得修身养性的道理，但是他们却不知道自己该如何修养自己的品德，如果人们深刻理解了"毋偏信自任，毋自满嫉人"这句话的深刻含义，那么我们就有了明确的思想和正确的理念，这不仅给了我们深刻的启示作用，而且可以作为我们为人做事的座右铭，这在我们的人生中有着深切的指导意义。如果我们时刻牢记这句话，并且以这句名言警句作为我们行为的准则，那么，我们为人做事就有了依据，并且也是我们明哲保身的一种生活方式。

如果人们违背了做人的原则，无论是做人还是做事情，都是"偏信自任，自满嫉人"，而不去考虑这样做是否合适，是否恰当，反而自以为这是最正当的，不仅自以为是，甚至得意忘形，可是他却忽略了自己的做法，已经违背了做人做事的原则，不仅伤害了别人，而且伤害了自己，结果给自己造成了悲剧。

《伊索寓言》里，讲了一个这样的小故事，就证明了这个道理，这则故事不仅值得我们深思，而且更给我们带来了深刻的启示作用，相信我们会从中受到很大的启发，也会吸取这样沉痛的教训，下面就是这个故事内容：

一只猫头鹰每到晚上才出来吃东西，白天就睡觉。有一天，正当它睡得很香时，被一只蚱蜢的声音吵醒了，它没法入睡，便急切地请求蚱蜢停止鸣叫。蚱蜢却根本不理它，仍然叫个不停。猫头鹰越不断地请求，蚱蜢反而越叫得响。猫头鹰被弄得无可奈何，烦躁不安。突然它想到一个好计策，便对蚱蜢说："听到你动听的歌声，我已睡不着了。你的歌声如同阿波罗神的七弦琴一样动听。我将把青春女神赫柏刚送给我的仙酒拿出来，痛痛快快地畅饮一场。你若不反对，就请上来一起喝吧。"蚱蜢这时正口渴，又被这赞美之词弄得高兴得忘乎所以，什么也没想就急忙地飞了上去。结果，猫头鹰从洞中冲出来，把蚱蜢弄死了。

这故事是说有些人有一点点本事就飘飘然起来，得意忘形，自以为是，忘乎所以，甚至忘记了自己的地位和处境，处处和人家作对，结果，不仅给自己招致了麻烦，而且自找苦吃，最终自食其果，给自己酿造了可悲的悲剧。

做人不要为自己愚昧的思想所束缚，要时刻保持清醒的头脑，我们不仅要克服自己盲目自信的缺点，而且要对自己的行为有约束力，而不是被别人的甜言蜜语，或者是一面之词所迷惑，就对人家偏听偏信，以为这是人家给自己的恩惠，就为人家所左右，结果只不过是受到了别人的利用，被别人蒙蔽和欺骗，甚至成了人家的替罪羊。当自己清醒的时候，也就没有后悔的余地了。

如果有的人比别人的地位高一些，或者是比别人有权力和势力，就对人家趾高气扬，傲慢无礼，完全不把别人放在眼里，自以为是什么圣人，到处横行霸道、不可一世，可是却没有想到，他们这样对待别人，别人也可以同样地对待他们，结果使自己身败名裂。

## 记住该记住的，忘记该忘记的

> 虽行布施，而不希求施所得果……虽有所作而无执着。
> ——《大般若经》

每个人都有一个不变的话题，那就是自己在小的时候所受的苦楚，在读书时的穷困，因家境不好而受到的冷遇，还有婚姻的挫折，以及亲戚、朋友如何对不起自己……为此一直耿耿于怀，因而抑郁寡欢。其实，这都是数十年前的陈年旧账了，我们却为此所困，始终不开心，常年处于负面、阴暗的心态中，严重损害了身心健康，这样活着的确是一种痛苦。

岂不知，有的事情须刻骨铭心，永世不忘；有的事情则要尽快淡忘，所谓事来则应，事去则净。

哪些事该被淡忘？应淡忘人生中的挫折与不幸；应淡忘名利的得失；应淡忘岁月的伤痕；应淡忘别人对自己的伤害；应淡忘陈腐、过时的观念；应淡忘流言蜚语；应淡忘冷遇和种种烦恼。这样我们才能摆脱往事的阴影，保持随缘常乐的状态。否则，如果纠结于昔日的痛苦中，时间长了，定会损害身心健康，导致疾病。

加州大学一篇保健资料提出：半数以上的早老年性痴呆和80%左右的恶性肿瘤都与生活中的负面事件及不良信息有关。因此，我们有必要学会淡忘那些负面事件及不良信息，学会保护自己的心理健康。

《大般若经》告诉我们："虽行布施，而不希求施所得果……虽有所作而无执着。"近代高僧印光法师也告诫我们："在凡夫地，谁无烦恼？须于平时预先提防，自然遇境逢缘，不至卒发。纵发，亦能顿起觉照，令其消灭……至于横逆一端，须生怜悯心，怜彼无知，不与计较。又作自己前生曾恼害过彼，今因此故，遂还一宿债，生欢喜心，则无横逆报复之烦恼……金不炼不纯，刀不磨不利。不于烦恼中经历过，一遇烦恼之境，便令心神失所。能识得彼无什势力，其发生劳扰心神者，皆吾自取。经云：若知我空，谁受谤者？今例之云：若知我空，烦恼何生？古云：万境本闲，唯心自闹；心若不生，境自如如。"如此，则能少生烦恼，淡化烦恼，心境平和愉悦，久而久之，则能不为烦恼所动，犹如中流砥柱，宠辱不惊，处之泰然。

有了这份修养和快乐，就是人生的成功。谁不愿拥有一个不为烦恼所动的快乐人生呢？

所以，人生短暂，何必对过去的痛苦耿耿于怀呢？何必要自己伤害自己呢？我们一定要对过去网开一面，宽恕所有的人；而宽恕别人，就是爱护自己，是真正、彻底地爱护自己。要知道，最有力量的是宽恕，是慈悲；最有力量的是"当下"，不是过去，也不是将来。我们当下就可以改变自己，可以淡忘不快，可以消解烦恼，可以使我们的生活充满祥和与友爱。这一切其实就在当下的一转念之间：你不妨想想，哪一句是你常说的？这两句是：

"所有的人对我都不怀好意。"

"所有的人对我都有很大帮助。"

那么，什么事情须刻骨铭心，永世不忘呢？是别人对自己的恩德！所谓：人对我有恩不可忘，我对人有恩不可不忘。为何要牢记别人对自己的恩德？因为要随缘报恩。猫、狗之畜类尚且知道报恩，何况人类？不知报恩如何做人？故佛家提倡上报四重恩：祖国恩；父母恩；师长恩；众生恩。

那么，为何又要淡忘自己对别人的恩德呢？因为念念不忘所施之恩，就意味着时刻期待别人的回报，其心态近似于放高利贷者。一旦对方不报答，或报答得不够，势必恨从心起，大骂其"白眼儿狼"、没良心。于是，烦恼丛生，反目为仇，善缘竟成恶缘。这真是划不来！所以，应虽行布施而不求回报，作而不执。这就是智慧。有了这种智慧，就能度过烦恼的激流，到达无忧、安乐的彼岸。

淡忘不快，作而不执，这是智慧、洒脱，也是审美：

瘦竹长松滴翠香，流风疏月度炎凉。

不知谁住原西寺，每日钟声送夕阳。

对错怪或伤害过自己的人，我们的心灵不要被仇恨、烦恼所蒙蔽，怒火中烧、烦恼怨恨，对自己比对他人所造成的伤害，将有过之而无不及。因此，即使在不如意的环境中，也要努力营造一个充满欢乐与友爱的生活。那么，回想我们所恨的人的一些优点，念及他曾做过的一些好事，而对他拙劣的一面淡而忘之，如此怒气可能就会缓和下来，烦恼会烟消云散，心中会充满慈悲。

# 不为无法改变的事而痛惜

> 哀公问社于宰我，宰我对曰："夏后氏以松，殷人以柏，周人以栗，曰：使民战栗。"子闻之，曰："成事不说，遂事不谏，既往不咎。"
> ——孔子

孔子说："已经做过的事不要再评说了，已经完成的事不要再议论了，已经过去的事就不要再追究了。"他是要告诉我们：做事情不要被已经发生的相关的事情所困扰，只要是正确的，就要义无反顾地走下去，没有必要因为做错了什么事情而悔恨，眼光要向前看。

每个人都有怀旧的心理，即使嘴里高喊着向前看，眼睛还是会不由自主地瞄向已经过去的日子。绝大多数人对新事物的接受会表现出一种羞羞答答的心态，直到新事物不再新鲜，再用一种怀旧的或恍然大悟的口吻来评说。客观地分析，向后看既是对过去的留恋，也是对现实的迷惘和不满。

但当今世界的发展日新月异，因此，向前看就显得比怀旧更为重要。特别是对新事物，更应该用发展的和超前的眼光来认识对待。辩证唯物主义认为，世界是由在一定的时空中有规律地运动着的物

质组成的，就是说分析事情或现象要以特定的时空作为前提。因此，我们特别强调要向前看。

而在现实生活中，有的人对于曾经失去的机会耿耿于怀。每当失意的时候，都会感叹，如果当初我那样选择，那么现在我将是怎样怎样了。但关键是你没有那样选择，关键是你已经失掉了那个机会，如果你再自怨自艾下去，你将失掉下一个机会。所以，过去的事情完全没有必要放在心上，你当初那样做，一定有你那样做的理由，谁也无法预测未来，不能用你的今天去对比你的昨天，然后使自己生活在痛苦中。这两者之间根本就没有可比性，对于现实来说，预测永远都要甘拜下风，你当然不必为曾经的选择失误而伤心沮丧。

东汉大臣孟敏，年轻的时候曾卖过甑。有一天，他的担子掉在地上，甑被摔碎了，他头也不回地径自离去。有人问他："甑摔碎了多可惜啊，你为什么都不回头看一看呢？"孟敏十分坦然地回答："甑既然已经破了，再疼惜它也没有什么用处了。"是的，甑再珍贵，再值钱，再与自己的生计息息相关，可它被摔破，已是无法改变的事实，你为之感到可惜，心疼如焚，顾之再三，又有什么益处呢？

这就是明代大学问家曹臣的《说典》中的一则小故事《甑已摔破，顾之何益》。这个故事告诉我们：不要为无法改变的事痛惜、后悔、哀叹、忧伤，可以说是古今中外聪明人的共同的生存智慧。

一位老人在高速行驶的火车上不小心把刚买的新鞋从窗口上弄出去了一只，周围的人倍感惋惜。不料那老人立即把第二只鞋也从窗口扔了下去，这举动更让人大吃一惊。老人解释说："这一只鞋无论多么昂贵，对我而言都没有用了。如果有谁能捡到一双鞋子，说不定他还能穿呢！"

这位老人把失去变得可爱，我们何尝又不能呢？不要老盯着被打翻的牛奶，赶紧把家里的猫抱来，就当是给猫准备的晚餐了。

我们都经历过某种重要或心爱的东西失去的事情，其大都在我们的心理上投下阴影。究其原因，那就是我们并没有调整心态去面对失去，没有从心理上承认失去，总是沉湎于已经不存在的东西，没想到去创造新的东西。与其抱残守缺，不如就地放弃。普希金的诗中说："一切都是暂时，一切都会消逝，让失去变得可爱。"失去不一定是损失，也可能是获得。

有些人终日为过去的错误而悔恨，为过去的决策失误而惋惜，纠结于过去的错误之中，是事业成功的一大障碍。它会斩断进取的锐角，磨钝智慧的锋芒，甚至愚蠢地得出这样的结论："我过去失败了，下次恐怕不行了。"因此，畏首畏尾，顾虑重重，很难取得事业的成功。

甑被打破，不可能恢复原状。任你哀叹，任你后悔，任你捶胸顿足呼天抢地，任你悔断肠子，心疼、肝疼、胃疼，任你三天不吃饭、五天不睡觉，也肯定不会改变这个已经板上钉钉的事实。聪明的做法，就是按照扔鞋子老人的做法去做，这才是人生的大智慧。

辛弃疾在一首词中写道："叹人生，不如意事，十之八九。"是的，在生活中，不可能事事顺心，万事如意。下岗，被精简，被老板炒了鱿鱼，不如意；落选，被降职，被顶头上司冷落，不如意；评副高职称少了一票，送学术刊物的论文泥牛入海，不如意；经商亏本，工厂赔钱，路上被窃，也不如意……林林总总，不一而足。一旦遇到这样的事该怎么办，想想《甑已摔破，顾之何益》，想想那个扔鞋子的老人，想想人家的生存智慧，对自己肯定会大有裨益的。

在当代社会，更应具有这样的生存智慧，因为在社会激烈的竞争中，我们手中的"甑"随时可被他人打破。遇到这样不如意的事，不哭天抹泪，不怨天尤人，不消沉颓唐，不心灰意懒；记取教训，挺直腰杆，义无反顾，径直向前。生活中，这样的人，才能出人头

113

地，才能成为强者，才能事业有成，才能品尝到成功的喜悦，才会有鲜花美酒的陪伴。

既然事情已经过去，就不要再耿耿于怀。调整好心态，勇敢地面对现在和未来。要知道，悔恨过去，只会损害眼前的生活。不要让"打破的甑"浸湿了我们的心情，我们还有很多事要做，我们没有理由因为这件事而拒绝这一天的生活，相反我们应该将这天的生活过得平静而恳挚，这样才会有丰盈的过去，也才能开创未来。

过去的已经过去，历史就如"黄河之水天上来，奔流到海不复回"，不能重新开始，不能从头改写。为过去哀伤，为过去遗憾，除了劳心费神，分散精力，没有一点益处。

要想发挥自己的潜能，取得事业的成功，必须勇于忘却过去的不幸，重新开始新的生活。莎士比亚说："聪明人永远不会坐在那里为他们的损失而哀叹，却用情感去寻找办法来弥补他们的损失。"

# 不知道而硬装作知道是一种病态

> 知之为知之，不知为不知，是知也。　　——孔子

我国先哲孔子曾经说过："知之为知之，不知为不知，是知也。"他的话告诉我们这样一个哲理：在现实生活中，许多人不愿意说出"不知道"这三个字，认为那样做会让别人轻视自己，使自己很没面

子，结果却适得其反。

古希腊著名哲学家苏格拉底也曾说过："就我来说，我所知道的一切，就是我什么也不知道。"苏格拉底以最通俗的语言表达了进一步开阔视野的强烈愿望。

如果一个人对自己不明白的问题加以隐瞒，不去向别人请教，在别人面前仍然不懂装懂，那他就是太无知、太虚伪了。人不懂并不可怕，可怕的是不懂装懂。在这个世界上没有一生下来就上通天文，下知地理，晓古通今的人，人们都是在不断的学习探索中充实自己的。只有虚心向别人学习，不耻下问，才能不断进步。否则我们若像南郭先生那样"滥竽充数"，那只能是被后人贻笑大方，最终被社会淘汰。其实，对自己不知道的事情，坦率地说不知道，反而更容易赢得别人的尊重。

心理学家邦雅曼·埃维特曾指出，平时动不动就说"我知道"的人，不善于同他人交往，也不受人喜欢，而敢于说"我不知道"的人，则显示的是一种富有想象力和创造性的精神。埃维特还说，如果我们承认对某个问题需要思索或老实地承认自己的无知，那么我们自己的生活方式就会大大的改善。这就是他竭力倡导的态度，人们可以从中受到教益。

凡是聪明的人，都有勇气承认"没有人知道一切事情"这个事实。他们面对不了解的事情能够坦然地说自己不知道，随后就去寻求他们所欠缺的知识。承认自己不知道无损于他们的自尊，对于他们来说，"不知道"是一种动力，促使他们积极采取行动，进一步了解情况，求得更多的知识。

正因为人的心理通常是隐恶扬善的，所以人们会想尽办法来掩饰自己不知道的事情，宣扬自己所知道的事情。有时候，为了隐藏自己的弱点和无知，人们喜欢采取一种不懂装懂的态度，殊不知这样反倒给人一种浅薄的感觉。

有一次，一位外国人去旁听一位美国加州大学著名教授的公开课。课上教授提出他做的老鼠实验的结果。此时，有一位学生突然举手发问，提出了他的看法，并问这位教授假如用另一种方法来做实验，其结果将会怎样？所有的听众全都看着这位教授，等着看他如何回答这个他根本就不可能做过的实验。结果，这位教授却不慌不忙，直截了当地说："我没做过这个实验，我不知道。"

当教授说完"我不知道"时，台下响起了经久不息的掌声。

同样的情况假如发生在另一位教授身上，情形恐怕就会完全不同。他一定会绞尽脑汁，说出"我想结果是……"的话来。

一般人都有不想让别人看出自己弱点的心理，因此很难开口说"不知道"。殊不知，有时对自己不知道的事情坦率地说不知道，反而可以增加人们对你的信任和亲近。因为直截了当地说不知道，会给人留下非常诚实的印象，并且敢于当众说不知道，其勇气足以让人佩服。这样，对你所说的其他观点，人们会认为一定是千真万确的，因而对你也就会更加信任。

几乎每个人的知识面都是有限的，学问上的精通是相对的，认知上的缺陷是绝对的。世上没有无所不知、无所不能的"全才"，尽管人们都在朝着这个方向努力。"知而好问然后能才。"聪明而不自以为是，并且善于向别人请教的，才能成才。敢于承认有些事情、道理"不知道"，正是求得"知道"的基础；"不知道"的强说"知道"，自作聪明，欺人自欺，最终只会贻笑大方。

有个美术评论家总是大吹大擂，凡事不懂装懂。

有一天，那个评论家受一位知名人士邀请。这位名人家里来了许多美术界的权威，他们畅所欲言，谈笑风生。

一会儿，主人拿来一幅画像说："这是我刚买来的毕加索的画，请诸位评论一下。"

于是,那个不懂装懂的评论家马上站起来说:"色彩华丽,线条鲜明,果然是毕加索的画。你刚拿来的时候,我就看出是毕加索的画了。"

主人听完,再仔细看了一下画说:"真抱歉,刚才我介绍错了,这不是毕加索的画,而是米开朗琪罗的作品。"

"什么?米开朗琪罗的?"

顿时,在座的各位看着那个评论家捧腹大笑。评论家满脸通红,不好意思地低下了头。

不要不懂装懂,所以孔子才告诫子由"懂了就是懂了,没有懂就是没有懂,这才是真懂"。

# 管得住自己,才能成就大事业

> 慎终如始,则无败事。 ——老子

一个人,无论做什么事情,都要受道德和法律的约束。就是在日常生活中,也要懂得约束自己的言行。常言道:"人是感情的动物。"其实还应当补充一条:"人是理智的动物。"一言一行,都该是理性的、理智的。若一个人听任感情发泄,那会有什么结果呢?任凭情感的潮流激荡、冲动、涌撞,不用意志的堤坝加以控制,潮流便泛滥开来，悲剧就此发生。自觉地控制自己的情感意外发作的能力，就叫自制力。它是意志品质，亦即心理素质的组成部分。培养自己的自制能力，对于刚踏上社会人生的青年人，特别重要。因为青年人最少保守，却易冲动；最少因袭的重负，却易想入非非。为此，便需引导他们学会自制。高度的自制力，可以克制任何有悖理智的冲动，战胜一切阻碍自己向健康目标前进的恐惧动摇、怠惰、贪欲等情感。

岳飞喜欢饮酒，高宗对他说："今国难当头，你不可嗜酒啊！"岳飞从此把酒戒了，并终身不饮。岳飞的自制力强，所以他能大小数百战，攻无不取，战无不胜。吴王夫差战胜不了自己的欲望，所以被人用美女和财宝打败了。越王勾践战胜了自己的欲望，记住自己的耻辱，为了尊严，他最终夺回了自己的江山，还灭亡了吴国。

美国教育家威廉·赫金博士曾说："人性有欲使自己同化于所全力注意之目的物的倾向。"我们只要仔细地想想，这话确实意义深远，他的意思是说：如果我们经常去想一些低劣的事情，注视丑恶的事物，或沉溺在恶劣大环境中，不知不觉间，我们也会受到它们的感染。俗话说得好："近朱者赤，近墨者黑。"有些人一开始是基于好奇的心理而接近罪恶，然而，一旦与之接触，就往往不知不觉中受罪恶的诱惑，而掉入罪恶的深渊，不能自拔。

释迦于修行之际，恐怕也曾遭遇过这一类懈怠心志的诱惑，并且尝到自陷溺中努力自拔的况味，所以他才一再告诫弟子们："近善则善，近恶则恶。"

朋友交往也是如此，一味地接近恶友，与恶友交往，自己也会受到恶的感染，而无法自拔。也许我们可以说，借我们的力量去感化恶友，但是，除非我们自己有足够的定力，否则切勿作此幻想。相反的，多多接近善的人或事物，不知不觉中人也会受其感化而变善。

当然，人并不能清清楚楚地被区分为善人或恶人，每一个人都有优于我或劣于我的地方。我们应该吸取朋友身上有利于提升人格的优点，并与之共勉，共享人生的喜悦。

这个世界诱惑实在太多，你能在关键时刻管得住自己那你就胜利了，失败的人居多，是因为真正能掌控自己的人实在太少。其实胜利很简单，无非需要点思想，需要点意志力，需要点时间。

# 成大事者，须"退而结网"

> 临渊羡鱼，不如退而结网。　　　　——《汉书·董仲舒传》

世上让人们羡慕的事很多，但不少人只停留在羡慕之上，并不付出努力去争取，结果他们终生遗恨了。古人说："临渊羡鱼，不如退而结网。"就是要求人们不要空想，要真抓实干。人生是有限的，机会也是不等待人的，只有抓紧时间努力工作的人，才能真正实现自己的梦想。

三国时期的名臣诸葛亮，幼年丧父，他便带着弟弟诸葛均来到了叔父诸葛玄的门下。

诸葛亮很有志气，一次他和诸葛玄谈论了很长时间，诉说了自己的远大理想。令他感到奇怪的是，诸葛玄只是端坐而听，却没有说一句话。

诸葛亮有些难堪，他对叔父说："我说得不对吗？为什么你不肯指点我呢？"

诸葛玄说："你年纪还小，不知道做大事的人是不会像你这样夸夸其谈的。我看你说得虽好，但读起书来并不认真，以后靠什么去实现你说的话呢？"

诸葛亮深受触动，他从此读书刻苦，再不以空谈为能了。

诸葛亮长大以后，学问日渐精深，但他从没有满足的时候。

一次，诸葛玄对他说："你学问有成，应该有所作为。荆州牧刘表和我有交情，看在我的面子上，他一定会收留你的。"

诸葛亮说："我的才能还只是小有所成，如果轻易出仕，虽然可得一时的富贵，但终不是我的志向。"

他没有接受诸葛玄的建议，仍是钻研学问，苦读不止。

诸葛玄死后，诸葛亮隐居到隆中，亲自耕种田地，磨砺自己的意志。有人劝他不要浪费自己的才能，诸葛亮说："现在天下大乱，没有大才的人是不能平定天下的。我不是不想出山，而是担心我的才能不够啊！"

诸葛亮日夜苦学，他的学问早超过了众人，少有人能和他相比了。后来，刘备三顾茅庐请他出山，诸葛亮于是凭着自己的卓越才能，建立了丰功伟业。

诸葛亮勤奋务实，苦练本领，在以后的军事生涯中才能智计无穷，建立大功。他是个实干家，他的业绩也就不是虚幻的了。

在真刀真枪的人生战场上，只有有真本领的人才有获胜的希望。人们对此不要抱有任何不切实际的幻想，行动要落到实处，大话吓人是没有市场的，否则就难以生存了。

东汉时，廉范拜博士薛汉为师，跟随他修习学业。

廉范时刻不敢偷懒，常常学习到深夜。一次，薛汉劝他不要过于辛苦，廉范说："我天生并不聪明，如果不用勤奋弥补，那么就没有指望了。"

薛汉夸他有出息，于是把自己的学识倾心传授，没有一丝保留。

廉范学习期间，有地方官府征召他做官，廉范都以学业未成而回绝了。他对薛汉说："若只想做个小官，我现在的学识应该可以应付了，这样一来我就失去了做大事的机会，请求你让我留下。"

廉范学业大成之后，陇西太守邓融请他到官府任职。廉范知道邓融为官不法，便毅然推辞。邓融想报复他，廉范于是隐姓埋名跑到洛阳，做了一名狱卒。

后来邓融事发获罪，廉范正巧负责看管他。他对邓融悉心照料，却不肯承认自己的真实身份。

有人知道了实情，劝廉范不要干这样的傻事，说："邓融曾有心加害于你，为什么还要关照他呢？"

廉范说："我读书很多，如果明白了书中的道理而不加以实行，那么我就是白白读书了，和一般人有什么区别呢？圣贤教诲我们要仁爱待人，我现在正是学习仁爱啊。"

邓融在狱中得了重病，廉范没日没夜地在他身边侍候。又有人怕他招来非议，对他说："邓融是朝廷重犯，如果人们误会你和他是同党，你不是很危险吗？"

廉范说："仁爱本是不讲得失的，否则就不是仁爱了。我的行为若给我带来麻烦，只要不是我的错，我都可以坦然接受。"

邓融死在狱中，廉范亲自赶车把他的灵柩送回他的家乡，把他安葬了。

廉范的义举渐渐传开，赢得了天下人的敬重，百姓纷纷写信向朝廷荐举他，朝廷也多次征召他。一时之间，廉范成了天下最有名的人物，被尊为当时的圣贤。

廉范不沽名钓誉，注重身体力行，这是他成名的根基。他做事不是给别人看的，完全出于本心，人们才会真正佩服他。

有些人不干实事，总以为干了实事也得不到好的回报，这是他们的虚荣心太旺盛了，也是他们不相信世人的缘故。有这种想法的人是自私和偏激的，他们的讲求实惠与怀疑一切，使他们丧失了做事的动力；出于责任意识，只能被动地应付了，而这恰恰是失败的根源。成功容不得杂念和猜疑，人们一定要全心全意地对待它。

## 不争而争　后来居上

> 水善利万物而不争，处众人之所恶，故几于道。　　——老子

从表面上看，"不争"似乎有悖进化规律，然而其背后有着更深层的道理。"争与不争"的辩证法，透露着一个天机：不争而争、无为无不为、不争而善胜，乃是人类社会进化的公理。

所谓"不争而争"，并不是说什么也不争，而是弃其小者，争其大者；弃其近者，争其远者。所以，不争是相对的，争则是绝对的。所谓"不争"，是指小处不争，小名不争，小利不争；倘若是大处、大名、大利，也许就另当别论了。

康熙十四年（1675年），清朝在全国的统治尚不稳定，康熙为巩固清朝政权，安定人心，改变清朝不立储君的祖制，把他的第二

个儿子胤礽立为皇太子。

作为皇太子的胤礽，为保住自己的地位，他希望康熙帝能早日归天，自己尽快登上皇帝的宝座。为此，他与正黄旗侍卫内大臣索额图结成党羽，进行了抢班夺权的种种活动。这些都被康熙帝发现，康熙下旨杀了索额图。没想到胤礽更加猖狂，不得已，康熙帝于康熙四十七年（1708年）九月，废除胤礽的皇太子头衔。

皇子们见太子已废，争夺皇储的斗争更加激烈。他们通过各种渠道探听康熙的意图，打发皇亲国戚到康熙面前为自己评功摆好，搞得康熙"昼夜戒慎不宁"。没有办法，康熙在废掉太子后的第二年三月又复立胤礽为皇太子，好让诸皇子死了争夺太子的野心。

在皇太子废立过程中，诸皇子们使出浑身解数，最成功的是皇四子胤禛。在诸皇子的明争暗斗中，胤禛采用的是不争而争之策。

皇太子被废之后，胤禛没像其他众皇子一样，落井下石，而是采取维持旧太子地位的态度，对胤礽表示关切，仗义直陈，努力疏通父皇和废太子的感情。他明白康熙希望他们手足和睦，不愿意看到皇子们反目成仇。

对康熙的身体，胤禛也最为关心体贴。康熙因胤礽不争气和皇子们争夺储位，一怒之下生了重病。只有胤禛和胤祉二人前来力劝康熙就医，又请求由他们来择医护理。此举也深得康熙的好感。

诸皇子中夺位最力的是胤禩。胤禛同胤禩也保持着某种联系，其实他心里不愿意胤禩得势，但行动上决不表现出来，表面上看胤禩当太子，他既不反对也不支持，让人感觉他置身事外一般。

对其他皇兄，胤禛也在康熙面前多说好话，或在需要时给予支持，康熙评价他是"为诸阿哥陈奏之事甚多"。当胤禧、胤禑、胤禔被封为贝子时，胤禛启奏道，都是亲兄弟，他们爵位低，愿意降低自己世爵，以提高他们爵位，使兄弟们的地位相当。

在众皇子为争夺皇太子之位闹得不可开交时，胤禛却似乎悠闲于局外，没有明火执仗地参与其中，而且还替众兄弟仗义执言，这些都被康熙看在眼中，特传谕旨表彰：

前拘禁胤礽时，并无一人为之陈奏，惟四阿哥性量过人，深知大义，屡在朕前为胤礽保奏，似此居心行事，真是伟人。

胤禛在这场诸皇子争夺皇太子之位的明争暗斗中，不显山、不露水，以不争之争的斗争策略取得了成功。一方面胤禛赢得了康熙的信任，抬高了自己的地位，密切了和康熙的私人感情。康熙一高兴，把离畅春园很近的园苑赐给了胤禛，这就是后世享有盛名的圆明园，康熙秋猎热河，建避暑山庄，将其近侧的狮子园也赏给胤禛。

另一方面，胤禛在争夺储位的诸皇子之争中，保持低姿态，使其他皇子们认为他实力不够，对他不以为意，不集中力量对付他，使他有机会发展自己的势力。

结果，康熙在病重之际，把权力交给了胤禛，胤禛后来居上，脱颖而出成为雍正皇帝。

"争"，需要对手；而"不争"，是想别人没想过的问题，做别人没做过的事情。"善胜敌者，不争。"不争最终是为了更好地去争，不是和对手争，而是和自己争，和自己争就是要战胜自我。这样做的道理，在于以"不争"泯绝那些形名之争，而得潜在的大势态，"故天下莫能与之争"。

# 六

# 藏拙于内求教于外

一个人过于显露出自己高于一般人的才智，往往会对自己不利，甚至招来外力的攻击。聪明人大都才华不外露，锋芒内敛；善于权大小，重长远，趋大利，不争一时的先后、长短；善于控制、调节自己，目光远大，自信心强。这类人往往大智若愚，善于藏拙，返璞归真，真人不露相。

## 表面的弱者是真正的强者

弱者非弱,智者非智。 ——《菜根谭》

有些人看上去平平常常,甚至还给人"窝囊"不中用的弱者感觉,但这样的人却不可小看。有时候,越是这样的人,越是在胸中隐藏着高远的志向抱负,而他这种表面"无能",正是他心高气不傲、富有忍耐力和成大事讲策略的表现。这种人往往能高能低、能上能下,具有一般人所没有的远见卓识和深厚城府。

刘备一生有"三低"最著名,它们奠定了他王业的基础。一低是桃园结义,与他在桃园结拜的人,一个是酒贩屠户,名叫张飞;另一个是在逃的杀人犯,正在被通缉,流窜江湖,名叫关羽。而他,刘备,皇亲国戚,后被皇上认为皇叔,肯与他们结为异姓兄弟,他这一来,两条浩瀚的大河向他奔涌而来,一条是五虎上将张翼德,另一条是儒将武圣关云长。刘备的事业,从这两条河开始汇成汪洋。

二低是三顾茅庐。为一个未出茅庐的后生小子,前后三次登门求见。不说身份名位,只论年龄,刘备差不多可以称得上长辈,这长辈喝了两碗那晚辈精心调制的闭门羹,毫无怨言,一点都不觉得丢了脸面,连关羽和张飞都在咬牙切齿,这又一低,一条更宽阔的河流汇入他宽阔的胸怀,一张宏伟的建国蓝图,一个千古名相。

三低是礼遇张松。益州别驾张松,本来是想卖主求荣,把西川献给曹操，曹操自从破了马超之后，志得意满，骄人慢士，数日不见张松，见面就要问罪。后又向他耀武扬威，引起对方讥笑，又差点将其处死。刘备派赵云、关云长迎候于境外，自己亲迎于境内，宴饮三日，泪别长亭，甚至要为他牵马相送。张松深受感动，终于把本打算送给曹操的西川地图献给了刘备。这再一低，西川百姓汇入了他的帝国。

最能看出刘备与曹操交际差别的，要算他俩对待张松的不同态度了：一高一低，一慢一敬，一狂一恭。结果，高慢狂者失去了统一中国的最后良机，低敬恭者得到了天府之国的川内平原。

在这个故事中，刘备胸怀大志，却平易近人礼贤下士，慢慢成就了自己的基业。与之相反，曹操心高气傲，目中无人，白白丢掉了富饶的天府之国，并且还因此耽误了统一中国的大计。单从这一点上看，刘备是真英雄，虽然他没有所谓的气势架子；而曹操则一副狂徒之态，傲气冲天，耀武扬威。他因此吃了大亏，其实一点都不冤。

一个人，无论你已取得成功还是还没有出师下山，其实都应该谨慎平稳，不惹周围人不快；尤其不能得意忘形狂态尽露。特别是年轻人初出茅庐，往往年轻气盛，这方面尤其应当注意。因此心气决定着你的形态，形态影响着你的事业。

一位书法大师带着徒弟去参观书法展。他们站在一幅草书前，大师摇头晃脑地一个字一个字地往下读，突然卡壳了，因为那个字写得太草了，大师一时也认不出来，正左思右想之时，徒弟笑道："那不就是'头脑'的'头'嘛！"

大师一听就变了脸色。他怒斥道："轮得到你说话吗？"

这个徒弟显然是有才的，但也显然是不懂心高不可气傲这一道理的。这次惹恼了师傅，大师以后能不能喜欢他就很难说了。

一个博士生论文答辩之后指导教授对他很客气地说："说实在

话，这方面你研究了这么多年，你才是真正的专家，我们不但是在考你，指导你，也是在向你请教。"

博士生则再三鞠躬说："是老师指导我方向，给我找机会。没有老师的教导，我又能怎么表现呢。"

本来，能赢得指导教授的肯定和赞美是一件多么值得骄傲的事啊，但博士生没有因此得意洋洋，而是谦逊地感谢导师，无疑这种得体的表现会赢得众教授的好感，于他只会有益而不会有害。

在古代，皇帝御驾亲征的时候，正与敌人对阵的将军，即使可以一举把敌人击溃，不必再劳动皇帝，但是只要听说御驾要亲征，就常常按兵不动。一定等着皇帝来，再打着皇帝的旗子，把敌人征服。

这按兵不动，可能姑息养奸，让敌人缓过气来，而造成很大的损失，为什么不一鼓作气，把他打下来呢？

此外，御驾亲征，劳师动众，要浪费多少钱财？何不免掉皇帝的麻烦，这样不更好吗？

如果你这么想，那就错了，错得可能有一天莫名其妙地被贬了职，甚至掉了脑袋。你要想想，皇帝御驾亲征是为什么？他不是"亲征"，是亲自来"拿功"啊！所以就算皇帝只是袖手旁观，由你打败敌人，你也得高喊"吾皇万岁万万岁！"都是皇上的天威，震慑了顽敌。

所以说，懂得胜不骄、有功不傲的人是真正懂生活、会做事的人，他们会因此而成为强者，成为前途平坦、笑到最后的人。

# 放下身份，路会越走越宽

> 放下利害、放下尊严、放下身份，爱情面前，比法律面前更人人平等。
> ——佚名

有的人家世不错就觉得自己的身份很高；有学问的人觉得自己不同凡响；有钱财的人觉得自己不同旁人；有名位、有才华的人，认为自己比较有尊严，并借此抬高自己的身份，而事实上如果依赖这些作为身份，是非常不合时宜的。

有一个大学生，在校时成绩很好，大家对他的期望值也很高，认为他必将有一番了不起的成就。最后他真的有了成就，但不是在政府机关或大公司里有成就，他是卖蚵仔面线卖出了成就。

原来他在大学毕业后不久，得知家乡附近的夜市有一个摊位要转让，他那时还没找到工作，就向家人借钱，把它顶了下来。因为他对烹饪很有兴趣，便自己当老板，卖起蚵仔面线来。他的大学生身份曾招致很多人不以为然的眼光，但却也为他招徕不少生意。他自己倒从未对自己学非所用及高学低用怀疑过。

要放下身份！这是他的口头禅和座右铭。放下身份，路会越走越宽。

人的身份是一种"自我认同"，这本来并不是什么不好的事，但这种"自我认同"也是一种"自我限制"，也就是说，怀有这种认同感的人常常会想：因为我是这种人，所以我不能去做那种事。而自我认同越强的人，自我限制也越厉害，所以，博士不愿意当基层业务员，高级主管不愿意主动去找下级职员，知识分子不愿意去做没有文化的工作……他们认为，如果那样做，就有损于自己的身份。

其实这种所谓的身份只会让人路越走越窄，你如果想在社会上走出一条路来，那么就要放下身份，也就是：放下你的学历、放下你的家庭背景、放下你的身份，让自己回归到普通人中去。同时，也要不在乎别人的眼光和批评，做你认为值得做的事，走你认为值得走的路。

放下身份的人比放不下身份的人在竞争上多了优势。

如果你想把事情做成，就得以一种低姿态出现在对方面前，表现得谦虚、平和、朴实、憨厚，甚至愚笨、毕恭毕敬，使对方感到自己受人尊重，比别人聪明。在交往中他就会放松自己的警惕性，觉得自己用不着花费太多精力去对付一个"傻瓜"。即使事情明显有利于你的时候，对方也会不自觉地以一种高姿态来对待你，好像要让着你一样，也就不会与你一争长短了。

其实，你以低姿态出现只是一种表面现象，是为了让对方从心理上感到一种满足，使他愿意与你合作。实际上，表面上越是谦虚的人，就越是非常聪明的人，越是工作认真的人。当你表现出大智若愚来，使对方陶醉在自我感觉良好的气氛时，你就已经受益匪浅，已经完成了工作中很重要的一部分了。

你谦虚就显得他高大；你朴实和气，他就愿意与你相处；你恭敬顺从，他的指挥欲得到满足，认为与你很合得来；你愚笨，他就愿意帮助你，这种心理状态对你非常有利。相反的，你若以高姿态出现，处处高于对方，咄咄逼人，对方内心里就会感到紧张，而且容易产生逆反心理。

能放下自己高贵的身份架子的人，他的思考富有高度的弹性，不会有刻板的观念,而能吸收各种新鲜的事物,丰富自己的头脑和智慧,这将是他最重要的本钱。放下架子能比别人早一步抓到好机会,而且抓住的机会也会更多,因为他没有身份的顾虑。

# 聪明人总会给自己留条退路

不给别人留后路,就等于不给自己留后路。　　——佚名

战国时代的王公贵族很喜欢互相比赛,不过他们比的是交朋友。当时,以朋友多而闻名的有:齐国的孟尝君、赵国的平原君、魏国的信陵君和楚国的春申君。他们家里随时都住着3000多位从各地而来的食客呢!

你一定在想,为什么他们要这么"大手笔"地养几千名食客呢?那是因为他们认为,谁的朋友多,才最有保障、最有面子。在这个乱纷纷的战国时代,朋友可以帮忙动脑筋、出主意、解决问题,甚至出生入死也在所不惜。

有一次,一个叫作冯谖的人前来投奔孟尝君。孟尝君的仆人看到冯谖一副穷酸样儿,又没有什么本事,就安排他住在下等的房间里,吃的是粗茶淡饭。冯谖一点儿也不生气,只是天天靠在廊柱上,手里拿着剑,悲哀地唱着:

"长剑啊长剑,咱们回去吧!吃饭没有鱼,吃饭没有鱼。"

仆人将这件事告诉孟尝君,孟尝君觉得这件事要是传了出去,

自己多没面子啊！于是，就叫人请冯谖搬到中等的房间，并给他鱼、虾吃。

过了一阵子，冯谖又敲着剑，唱了起来：

"长剑啊长剑，咱们回去吧！出门没车马，出门没车马。"

大家都觉得冯谖这个人真可笑。可是，孟尝君知道后，又叫人为冯谖准备一套车马。

谁知道过了没多久，冯谖又唱道：

"长剑啊长剑，咱们回去吧！没有钱养家，叫我多牵挂。"

虽然仆人们都骂冯谖不知足，可是孟尝君却派人经常送钱给冯谖的老母亲。

有一回，孟尝君拿出一叠账簿，要门客到薛城去替他收债。大家都推推托托不肯去，只有冯谖一口答应下来。

出发前，冯谖问孟尝君："需要我帮您买点儿什么回来吗？"

孟尝君想了想，说："您看我家缺什么，就买什么吧！"

冯谖一到了薛城，就叫地方官将欠债的老百姓都找来，当面一份份地核对契约。当手头比较宽裕的人还了钱之后，冯谖对还不起债的穷苦百姓说："孟尝君命令我来到这里，不是要逼你们还债。他说，实在还不了债的人，都不用还了。大伙儿可别忘了孟尝君的恩德啊！"说完，他把那些契约烧得精光。大家又吃惊又高兴，都十分感激孟尝君。

冯谖回到孟尝君的府里，孟尝君问他买了什么回来。冯谖从容地回答说："临走的时候，您嘱咐我，家里缺什么就买什么。我看您这儿金银财宝、山珍海味，什么都不缺，就是缺少'仁义'。您对薛城这个地方的人们并不够体贴，所以这回我就花了钱，帮您把'仁义'买了回来。"接着，他将烧掉契约的事说了一遍。

孟尝君心里虽然不太高兴，但也只好说："好！好！先生，您休息吧！"

过了一年，齐湣王听信谗言，除去了孟尝君相国的职位。孟尝君只好垂头丧气地带着一家老小，回到自己的封地薛城。他万万没想到，他们一行人连城都还没进，老远就看见人们扶老携幼，夹道欢迎他，还口口声声地称他为"恩人"。

孟尝君这才十分感动地对冯谖说："先生，您帮我买的'仁义'，今天我总算亲身感受到了。"

冯谖说："先别急着高兴。狡猾的兔子尚且要找三个窝，才能保个活命。现在您只有薛城一个安身的地方，哪儿够啊！我愿意再替您找几个安身之处。"

孟尝君答应冯谖的请求，给他好多车马和黄金作为费用，冯谖就朝着魏国都城大梁的方向出发了。冯谖见了魏惠王，对他说："孟尝君是个不可多得的人才，哪个诸侯能重用他，必定能富国强兵。如今齐王将他放逐，不知谁有福气把他争取到手？"

魏惠王一听，马上把原来的相国调去做大将军，想聘请孟尝君来当相国。而另一方面，冯谖却先赶回齐国，告诉孟尝君，千万不要答应魏王的邀请。

齐湣王一听说魏王想重金礼聘孟尝君当相国，开始担心起来，只得请求孟尝君再回到朝廷当相国。这时，冯谖又对孟尝君说："您可请求齐王，把先王祭器移到薛城，在薛城修建先王宗庙。"齐湣王答应了。

宗庙建成，朝廷派重兵守护，别的国家自然不敢来侵扰薛城了。

冯谖这时才对孟尝君说："现在三窟都完成了，您可以高枕无忧了。"

冯谖的狡兔三窟为孟尝君设计了一条非常好的退路，值得后人学习。

在任何时候，都要记得给自己留条退路。因为世界是由很多人组成的，但是每一个人的世界就是他自己，千万不要主动放弃自己的世界，因为你永远不知道，你会成就多么大的功业。

留条后路给自己走，不是让自己有遁逃的机会，而是让我们重新起步时，能够看见前路的错误，汲取教训、不再重蹈覆辙。然而，多数人都不懂得汲取教训，即使前人已经有过失败的经验，他们仍然喜欢让自己撞得鼻青脸肿，然后才惊呼说："没想到是真的！"

人类的经验是靠时间累积出来，再经过长时间的去芜存菁得来的。所有长者的智慧与建言，我们都不能视若无睹，那些都是我们绝佳的成功秘诀。待人接物也是如此，凡事都要以宽容的心胸为自己预留一条退路。人情留一线，日后好相见，不是吗？

## 鸡蛋不必硬碰石头

> 鸡蛋碰石头——自不量力。　　　　　　　　　　——歇后语

唐代武则天专权时，为了给自己当皇帝扫清道路，先后重用了武三思、武承嗣、来俊臣、周兴等一批酷吏。她以严刑峻法、奖励告密等手段，实行高压式统治，对抱有反抗意图的李唐宗室、贵族和官僚进行严厉地镇压，先后杀害李唐宗室贵戚数百人，接着又杀害了大臣数百家；至于所杀的中下层官吏，就多得无法统计。武则天曾下令在都城洛阳四门设置"匦"（即意见箱）接收告密文书。对于告密者，任何官员都不得询问，告密核实后，对告密者封官赐

禄；告密失实，并不反坐。这样一来，告密之风大兴，无辜被株连者不下千万，**朝野上下，人人自危**。

一次，酷吏来俊臣诬陷平章事狄仁杰等人有谋反意图。来俊臣出其不意地先将狄仁杰逮捕入狱，然后上书武则天，建议武则天降旨诱供，说什么如果罪犯承认谋反，可以减刑免死。狄仁杰突然遭到监禁，**既来不及与家里人通气**，也没有机会面奏武后，说明事实，心中不免焦急万分。审讯的日子到了，来俊臣在大堂上宣读完武后诱供的诏书，就见狄仁杰已伏地告饶。他趴在地上一个劲地磕头，**嘴里还不停地说**："罪臣该死，罪臣该死！大周革命使得万物更新，我仍坚持做唐室的旧臣，理应受诛。"狄仁杰不打自招这一手，反倒使来俊臣弄不懂他到底唱的是哪一出戏了。既然狄仁杰已经招供，来俊臣将计就计，判了他个"谋反是实"，免去死罪，听候发落。

来俊臣退堂后，坐在一旁的判官王德寿悄悄地对狄仁杰说："你也可以再诬告几个人，如把平章事杨执柔等几个人牵扯进来，就可以减轻自己的罪行了。"狄仁杰听后，感叹地说："皇天在上，厚土在下，我既没有干这样的事，更与别人无关，怎能再加害他人？"说完一头向大堂中央的顶柱撞去，顿时血流满面。王德寿见状，吓得急忙上前将狄仁杰扶起，送到旁边的厢房休息，又赶紧处理柱子上和地上的血渍。狄仁杰见王德寿出去了，急忙从袖中抽出手绢，蘸着身上的血，将自己的冤屈都写在上面，写好后，又将棉衣里子撕开，把状子藏了进去。一会儿，王德寿进来了，见狄仁杰一切正常，这才放下心来。

狄仁杰对王德寿说："天气这么热了，烦请您将我的这件棉衣带出去，交给我家里人，让他们将棉衣拆了洗洗，再给我送过来。"王德寿答应了他的要求。狄仁杰的儿子接到棉衣，听说父亲要他将棉衣拆了，就想：这里面一定有文章。他送走王德寿后，急忙将棉衣拆开，看了血书，才知道父亲遭人诬陷。他几经周折，托人将状子递到武则天那里，武则天看后，弄不清到底是怎么回事，就派人把来俊臣召来询问。来俊臣做贼心虚，一听说太后要召见他，知道事情不好，急忙找人伪造了一份狄仁杰的"谢死表"奏上，并编造了一大堆谎话，将武则天应付过去。

又过了一段时间，曾被来俊臣妄杀的平章事乐思晦的儿子也出来替父伸冤，并得到武则天的召见。他在回答武则天的询问后说："现在我的父亲已死了，人死不能复生，但可惜的是太后的法律却被来俊臣等人给玩弄了。如果太后不相信我说的话，可以吩咐一个忠厚清廉，你平时信赖的朝臣假造一篇某人谋反的状子，交给来俊臣处理，我敢担保，在他酷虐的刑讯下，那人没有不承认的。"武则天听了这话，稍稍有些醒悟，不由得想起狄仁杰一案，忙把狄仁杰召来，不解地问道："你既然有冤，为何又承认谋反呢？"狄仁杰回答说："我若不承认，可能早就死于严刑酷法了。"武则天又问："那你为什么又写'谢死表'上奏呢？"狄仁杰断然否认说："根本没这事，请太后明察。"武则天拿出"谢死表"核对了狄仁杰的笔迹，发觉完全不同，才知道是来俊臣从中做了手脚，于是，下令将狄仁杰释放。

狄仁杰的做法告诉我们，有时候忍耐住刚强直率的性格与对手周旋，是斗争中的良策；相反的，若以硬碰硬，则会让自己吃大亏。这样做，无论从哪个方面来讲都是不明智的。

特别是在处理和上司的关系的时候，千万不能拿鸡蛋碰石头。下级冲撞领导，一般都会使用比较过激的言辞，特别是一些很伤感情的过头话，这些话会像一把把尖刀直冲向领导的内心，这势必会惹得他怒火中烧，大发雷霆，视你为敌。在这种情形下，你可能是出于某种忠心才说的，但如言辞不当，反而会使领导认为你一直心怀不满。他会想："这家伙隐藏得好深，竟骗过了我！原来他一直对我有意见，一直是三心二意，今天终于暴露出来了！"一种算总账的仇恨就会像火焰一样地烧起来，以至于失去冷静的分析。

对抗会使领导失去理智。一旦尊严受损，便觉得权威受到挑战，在面子感到相当狼狈难堪时，会使他把事态看得十分严重，一时也不会考虑什么是非曲直，只有一味地宣泄。在此种情形下，领导一般都会十分激动，甚至是头脑发昏，恼羞成怒。失去冷静的判断，你就成了他的第一号敌人，过激行动常常会因此而发生。即使是当时比较克制，事后也会是越想越是气恼，找机会报复你。

下属在与上级说话时切勿激动，而是要时刻提醒自己，即使自己是对的，也要注意态度、方式方法和时机问题，不要冲撞对方，引起上级的怒火，使他怨恨于你。鸡蛋碰石头的结果，下属一定要牢记于心。

# 退却是为了更好的进攻

> 我们所不得不畏惧的唯一东西，就是畏惧本身，这种难以名状、失去理智和毫无道理的恐惧，麻痹人的意志，使人们不去进行必要的努力，从而将退却变成前进。
> ——罗斯福

从处理事务的步骤来看，退却是进攻的第一步。现实中常会见到这样的事，双方争斗，各不相让。最后小事变为大事，大事转为祸事，这样往往导致问题不能解决，反而落得个两败俱伤的结果。其实，如果采取较为温和的处理方法。先退一步，使自己处于比较有理有利的地位。待时机成熟，便可以以退为进，成功地达到自己的目的了。

何为退呢？即当形势对我军不利，如果全力攻击也可能不奏效时，就应采取退却的方法。军事家指出学会退却的统帅是最优秀的统帅，战而不利，不如早退，退是为了更好的前进。

李渊任太原留守时，突厥兵时常来犯，突厥兵能征善战，李渊与之交战，败多胜少，于是视突厥为不共戴天之敌。一次，突厥兵又来犯，部属都以为李渊这次会与突厥决一死战，可李渊却是另有打算，他早就有起兵反隋的意图，可太原虽是军事重镇，却不是可号令天下之地，而又不能离了这个根据地。如果离太原西进，则不免将一座孤城留给突厥。经过这番思考，李渊派刘文静为使臣，向突厥称臣，书中写道："欲大举义兵，远迎圣上，复与贵国和亲，如文帝时故例。大汗肯发兵相应，助我南行，幸勿侵虐百姓，若但欲和亲，坐受金帛，亦惟大汗是命。"

唯利是图的始毕可汗不仅接受了李渊的妥协，还为李渊送去了不少马匹及士兵，增强了李渊的战斗力。而李渊只留下了第三子李元吉固守太原，由于没有受到突厥的侵袭，李渊得以不断从太原得到给养。终于战胜了隋炀帝杨广，建立了大唐王朝。而唐朝兴盛之后，突厥不得不向唐朝乞和称臣。

唐高祖李渊以退为进，为自己的鸿图大志赢得了时间。如果不能忍那一时，李渊外不能敌突厥之犯，内不能脱失守行宫之责，其境险矣，忍一时而成就大谋。

从人生的态度来看，退却有时也是一种进攻的策略。现代社会中，"以退为进"表现自我也不失为一种良好的方法。

有一位计算机博士，毕业后找工作，结果好多家公司都不录用他，于是他不用学位证去求职，很快他就被一家公司录用为程序输入员。不久，老板发现他能看出程序中的错误，非一般的程序输入员可比，这时，他亮出了学士证。过了一段时间，老板发现他远比一般的大学生要高明，这时，他亮出了硕士证。再过了一段时间，老板觉得他还是与别人不一样，就对他"质询"，此时，他才拿出了博士证。于是，老板毫不犹豫地重用了他。

可见，以退为进，由低到高，这是一种稳妥的进攻之术。

石桥正二郎是日本著名的大企业家，在他所写的《随想集》一书中，记述了这样一件事。二战后，在位于京桥的石桥总公司的废墟中，有十多家违章建筑。因此，律师顾问提出，若不及早下令禁止的话，后果将不堪设想。但在当时的情景下，如果硬性要求那些违建户立即搬走，必定会招致他们坚决的反对和拒绝。石桥公司没有出此下策，石桥夫人还来到现场和那些违建户谈话。对他们说："你们的遭遇实在值得同情，那么，你们就暂时住在这里，先多赚点钱，等公司要改建大厦时，再搬到别的地方去吧。"她这样专程地去拜访那些违建户，并且赠送慰问品，如此体贴别人的难处，使那些居住在石桥总公司内的人，内心里十分感动。因此，当石桥大厦真的开工时，这些人不仅不再抱怨，而且还心怀感激地迁到别的地方去住了。

"以退为进"有时候能获得极佳的效果。1812 年 6 月，拿破仑亲自率领 60 万步兵、骑兵和炮兵组成的合成部队，向俄国发动进攻。俄国用于前线作战的部队仅 21 万人，处于明显的劣势。俄军元帅库图佐夫根据敌强己弱的局势，采取后发制人的策略，实行战略退却，避免过早地与敌军决战。在俄军东撤的过程中，库图佐夫指挥部队采取坚壁清野、袭击骚扰等种种方法，打击迟滞法军，消弱法军的进攻气势。9 月 5 日，俄军利用博罗季诺地区的有利地形。给予法军大量杀伤。接着，又将莫斯科的军民撤出，让一座空城给法军。10月中旬，法军在莫斯科受到严寒和饥饿的巨大威胁，不得不撤退。此时，库图佐夫抓住战机，予以反击，将法军打得大败。几十万法军，幸存者只有3万人。

有时候，表面的退让只是一种随机的策略，为了追求更高的目标做出一些退让是作为善于变通之人的成熟表现。

一个聪明人不单要能够进取，也要懂得自保，一手持矛攻击别人的同时，另一只手也该牢牢握紧盾牌，提防别人的攻击。

## 多说一句不如少说一句，多识一人不如少识一人

> 两喜多溢美之言，两怒多溢恶之言。　　　　　　　　——庄子

人有两耳两眼两鼻孔，唯有一张嘴，就是要人多听多看多辨，而少言。从现代的人际关系社会关系来说，适当而得体地表现自己，也是相当重要的。

孟子曰："言人之不善，当如后患何？"言多必败，危害极大。医生说错话可以害死病人，君主的失言可以毁掉国家。一般人说错话其危害也不可轻估，有人因言语得罪人而被人杀害；战争时，一句泄露机密的话足以导致全军覆没。所以古人倡导守口如瓶，无谓的言语还是少说为妙，就像歌声婉转的鸟不会一天到晚地唱，只有惹人讨厌的乌鸦终日聒躁。

《易经》中说:"乱之所由生也,言语以为阶。君不密则失臣,臣不密则失身。"意思是说,产生乱的原因,语言是个阶梯。国君说话不慎重严密,就会失去臣民,臣子说话不慎重严密就会失去生命。

叶梦得,北宋哲宗时进士,南宋高宗绍兴年间任江东安抚制置使,他给子孙的家训中就特别强调慎言。他教育子孙说话时务必谨慎,要把说和做紧密地联系起来,既不能多话,也不要多事。因为多话必多事,多事必多话,这就足以使你陷入是非毁誉的罗网之中。

我们要记住高攀龙的话:"言语最要谨慎,交友最要审择。多说一句不如少说一句,多识一人不如少识一人。"

有的人说错一句话或做错一件事,不以为耻,反而大言不惭地说:"区区小事,何足挂齿。"谁知其害无穷!古人以璧玉比喻一个人的人格,璧玉上如果有了一块小小的斑点,这块璧玉就不是最好的了;正如一个人如果不谨言慎行,做错了一件事即玷污了他的人格,你一直公正无私,舍己为人,却偏偏因为你拿走了别人的一件小东西,降低了自己的威望,失去了别人对你的信任。另一方面,事情总是不断地发展变化。"小善小恶,最易忽略。凡人日用云为,小小害道,自谓无妨,不知此'无妨'二字,种祸最毒。今日之自暴自弃,不忠不肖,总只此'无妨'二字,不知不觉积成大恶。"莫大的罪过非一时铸就,弥天祸殃非一日酿成。小恶是滑向罪恶深渊的起点。因此我们要严格要求自己,注意检点自己的言行是否符合道德规范,防微杜渐,扬长避短。

有这样一首诗写道:
缄口金人训,兢兢恐惧身。
出言刀剑利,积怨鬼神嗔。
简默应多福,吹嘘总是蠢。

善装糊涂，善于掩饰自己，不让他人觉得你深不可测，从而集中心思与力量来与你一争高下。这便是"沉默是金"的道理。

人不可无缄口之铭！

# 七

# 不做自己不擅长的事

　　如果你想适应这个社会,在这个社会生存,就必须学会面对一切困难。只有相信自己、了解自己、认识自己,才能用百倍的勇气与信心来战胜各种障碍。虽然认识自己是很困难的,然而作为一个想成就一番事业的人,对自己先要有个正确的认识,这是最起码的要求。认识自己,无论什么事情都要切实地去做,好高骛远的想法必须排除。如果仅仅为了面子,不顾自己的特点,不自量力地去做自己不擅长的事,终将失败。

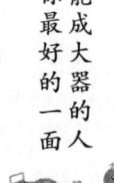

## 找到自己的长处

> 细腻与风雅原是朴实的人必然具备的长处,在他身上使他的谈吐更耐人寻味,不亚于主教的辞令。
>
> ——巴尔扎克

很多成功人士的成功,首先要得益于他们能够充分地了解自己的长处,并从自己的长处入手,将自己的长处发挥了出来。如果不充分了解自己的长处,只凭自己一时的兴趣和想法,那么就很不准确,并有很大的盲目性。

可以说,那些成大事的成功者,都有一个共同的特征:不论才智高低,也不论从事哪一种行业、担任何种职务,他们都在做自己最擅长的事情。

有一位知名的经济学教授曾经引用三个经济原则对发挥自身优势做了贴切的比喻。他指出,正如一个国家选择经济发展策略一样,每个人都应该选择自己最擅长的工作,做自己专长的事,才会胜任并感觉愉快。

第一个原则是"比较利益原则"。当你把自己同别人相比时,不必羡慕别人,你自己的专长对你才是最有利的。

第二个原则是"机会成本原则"。一旦自己做出选择之后,就得放弃其他的选择,两者之间的取舍就反映出这一工作的机会成本,所以你一旦选择必须全力以赴,增加对工作的认真程度。

第三个原则是"效论原则"。工作的成果不在于你工作时间有多长,而在于成效有多少,附加值有多高,如此,自己的努力才不会白费,才能得到适当的报偿与鼓舞。

　　成功最终是由自己造就的,因此你不必看轻自己,你要相信你的能力才是世界上独一无二的,你也许正在完成一件非常了不起的事情,说不定在哪一天,你就真的可以变得"很不平凡",而成为大家羡慕的成功者。

　　在工作中,有些人打拼了许多年,却依然是碌碌无为,看不到一丝成功的迹象,成功则成了遥不可及的事情。而对于成功,不但他们自己,甚至连别人都觉得凭他们的能力和努力,应该会有一番成就的。分析他们不成功的原因,就在于他们几乎都没有将自己的才干用在最有把握的工作上,也就是说没有做自己最擅长的事,把才干用错了方向。

　　你撇开了自己最擅长的工作,无异于抛弃了你最重要的竞争优势,等于扬短弃长。在你不擅长的工作岗位上,即使你费了九牛二虎的力气,克服了自己的诸多弱点,至多也不过使你得到一个业余专家的地位而已。因此,你要想在生活中取得成功,就要选择自己最擅长的工作,不然,你表面上看起来在向成功积极迈进,实际上却是南辕北辙。

　　要想做最擅长的事,你必须认清自己真正的才能和限度,也就是说你具备的才能最适宜干什么领域内的工作,在这个领域内你所能达到成功的限度是什么。也就是说,首先你一定要知己。既不要轻视自己,也不要看高自己,给自己做一番中肯的评价。如果你对自我评价有点不自信的话,可以咨询专家、亲人或者朋友。当然,最重要的还是听从于心灵的需要,因为你对某项工作表现出来的热情,以及由此挖掘出的潜力,没有人比你自己更清楚。

　　歌德曾经说过:"每个人都有与生俱来的天分,当这些天分得到充分发挥时,自然能够为他带来极致的快乐。"职场之中,如果你也希望不断体验到这份快乐，那么就要从自己的长处入手，抓住机会充分发挥这份优势。如果你丢开自己的优势和才能，在不擅长的领域寻求发展，你很快就会发现，自己就像在泥潭里挣扎一样，无论从事什么职业，都难逃失败的命运。

面对失败，你也许会说，"我实在是太平凡了，根本没有什么特殊才能。"请你千万不要这么认为。世界上每个人的出身虽然不同，但每个人都有自己专长的领域，以及与众不同的能力。而你之所以有这种想法，关键是因为你不知道自己的特长在哪儿，长期使它处于闲置状态。总之，你在了解了自己的特长并懂得发挥之道以后，相信你很快就会绽放出最亮丽的光芒，成就辉煌的人生。

## 发挥你的最大优势和潜能

> 多数人都拥有自己不了解的能力和机会，都有可能做到未曾梦想的事情。
> ——戴尔·卡耐基

潜能是指平时所没有表现出的能力，每一个人都存在潜能。人的潜能是无限量的，要想开发潜能，就要做到：每天给予自己积极的暗示，使自己过好每一天。

我们要向高难度的事情挑战，敢于实践自己，人在紧急关头就会发挥 80% ~ 90% 潜能，平常人只会发挥 20% ~ 30% 的潜能。同时，要发挥自己的潜能，培养自己的自信心也是很重要的，在任何事情面前都不要退缩，要相信自己的能力，充分发挥自己的潜能。

同时，我们要发现自身的优势。自身优势简单说就是个人才干，就是个人本身所具有的超出别人的内在的素质。才干包括敏锐的洞察力、准确的判断力、科学的决策力、果敢的执行力、灵活的协调力、谨慎的校错力以及坚定的意志力等等。

要找到自己的强项，强项就是我们说的比较优势，就是区别于他人的重要特点，或者说是自己的非凡之处。我们要善于发现自己的强项，激发自己的强项，强化自己的强项，发挥自己的强项。这就是成功的支点，是我们安身立命、建功立业的基础。

人们常常说"人贵有自知之明"。这个"明"字，既表现为如实看到自己的短处，也表现为准确分析自己的长处。如果每个人只看到自己的短处，似乎是一种谦虚的表现，实际上是自己的自卑心理在作怪。"尺有所短，寸有所长"，每个人都有自己的优势和长处。如果我们能客观地认识自己，在认识缺点和短处的基础上，找出自己的长处和优势，并发挥优势。正如一个人如果想面面俱到、样样优秀，要耗费的精力实在太多了，但如果能集中优势把一项做精、学专，那将成为某一领域的行家里手，那么你自然而然地就会得到某方面的成功。

21世纪的工作生存法则就是建立个人品牌，不只是企业、产品需要建立品牌，个人也需要在职场中建立个人品牌。竞争并不可怕，可怕的是自己并无太多让人记住的东西。从现在开始，发现自己的优势，让它成为你的独特品质，让别人一下就能想起你——"哦，这项任务由他来担当最合适，他具有这方面的优势！"

在国外，有一个寓言故事，一直被广泛流传。

为了和人类一样聪明，森林里的动物们开办了一所学校，对动物进行培训。开学的第一天，来了许多动物，学校为它们开设了五门功课：唱歌、跳舞、跑步、爬山和游泳。当老师宣布，今天上跑步课时，小兔子高兴地一下在体育场跑了一个来回，并自豪地说："我能做好我天生就善于做的事。"而再看其他小动物，有撅着嘴的，有耷拉着脸的。第二天一大早，老师宣布，今天上游泳课，小鸭子也兴奋地一下跳进了水里。天生恐水，祖上从来没人会游泳，小兔子傻了眼，其他小动物更没辙了。接下来，第三天是唱歌课，第四天是爬山课……以后发生的情况，便可以猜到了，学校里的每一门课程，小动物们总有喜欢和不喜欢的。

这个寓言诠释了一个通俗的道理，那就是：不能让猪去唱歌，兔子去学游泳。要成功，小兔子就应跑步，小鸭子就该游泳，小松鼠就得爬树。因此，判断一个人是不是成功，最主要的是看他是否最大限度地发挥了自己的优势，而不是弥补了自己的短处。

成功学家们经过研究发现，人类具有400多种优势，当然对个人来说，这些优势本身的数量并不重要，重要的是应该知道自己的优势是什么，之后要做的则是将你的生活、工作和事业发展都建立在你的优势上，最大限度地发挥你的优势，这样你就会成功。

事实上，我们大部分人对自身才干和优势的了解并不全面，更不具备根据优势安排自己生活的能力。相反，我们曾接受的教育"你要把这样那样的缺点改掉，争取做一个好孩子、好学生……"使我们成了查找自身缺点的专家，为修补这些欠缺而一生追求。当我们把过多的精力用于弥补缺点时，也就无暇顾及自己的优点了，这样的人是很难取得事业上的成功的。

1972年，新加坡旅游局给当时的总理李光耀打了一份报告，大概的意思是说新加坡不像中国有长城，不像埃及有金字塔，不像日本有富士山，不像夏威夷有十几米高的海浪，我们除了一年四季直射的阳光，什么名胜古迹都没有。要发展旅游事业，实在是巧妇难为无米之炊。李光耀看过报告，非常气愤。据说，他在报告上批了这么一行字：你想让上帝给我们多少东西？阳光，阳光就够了！

于是，新加坡就开始利用那一年四季直射的阳光，大量地种花植草，在短短的时间里，就发展成为世界上著名的"花园城市"，成为世界上著名的旅游胜地，连续多年旅游收入列亚洲前茅。

诚然，上天给每个国家、每个地区的东西，都不一样，而且都不是太多。就拿我们身边的来说，只给了曲阜一个孔子，只给了杭州一个西湖。对个人而言，它给每个人的东西同样也少之又少，它只给了迪斯尼一只老鼠，这只老鼠并且是在迪斯尼自己连面包都吃不上的时候才出现的；它也只给牛顿一只苹果，并且还是掉下来的。

虽然上天的馈赠是如此的少，但它是催化剂。如果你是一个有心人，你会惊喜地发现上帝的馈赠是多么的丰厚。智慧的北方人利用孔子把曲阜变成了圣城；聪明的江南人利用西湖把杭州做成了天堂；潦倒的迪斯尼利用那只老鼠，创造了一个全球知名、价值连城的动画帝国；沉思中的牛顿因为那只从天而降的苹果，奠定了自己在物理学上无可撼动的地位。

也许你曾经抱怨过上天的不公。在周围的同龄人中，它送给别人金钱、送给别人美貌、送给别人地位，而送给你的，却只不过是办公室的一把旧椅子。然而，你不应该为此而感到不公，你应该为此而感到振奋——原来那把旧椅子是上天有意送来的。既然如此，哪里还有什么理由不把它变成一件文物？只有抱持这种思想，你才能在生活中游刃有余。

"把力量集中于自己的专长，就可以生存下去，甚至更强大！"一个人必须有自己的核心优势，必须知道自己的价值在哪里，才能在任何环境中生存下去。"天生我才必有用"，发现自己的长处，就能做成一番事业。

## 做自己的主人，掌控自己的命运

尽信书不如无书。　　　　　　　　　　——孟子

孟子之所以提出这样的主张，是为了告诉人们：作为一个人要有自己的主见，不要轻信，不要盲从，不要人云亦云，要独立思考，要活出自己的人生来。

人活着要有自己的主张，这样才能维持一个人的格调。一般人都只有"偏见"，而少有"主张"，尤其是自己独一无二的"主张"，所以难有吸引人的"特质"。而偏见或固执己见，必然也不会讨人喜欢。

元朝大臣、著名的学者许衡，小的时候曾经跟着一群小朋友到荒郊野外去游玩。

大家都玩得很疯狂，由于正值大热天，不久就觉得口渴了。这个时候，刚好路旁有一棵梨树，于是，大家便争相前去抢摘梨子。

正当大家吃得津津有味的时候，忽然发现许衡安安静静地坐在树下，并没有参加抢梨大战。

有人就很纳闷地问他为什么不去摘梨子，他却淡淡地回答说："不是自家的东西，不能随便摘。"

许衡这么说，大家都不以为然，都觉得扫兴，还纷纷回嘴说："现在是什么时期？兵荒马乱的，许多人都死的死、亡的亡了。这只不过是一棵没有主人的梨树而已，为什么不能摘来吃？不吃白不吃，

你未免太傻了吧！"

许衡听到这话，有点恼怒，立刻一本正经地反驳道："这棵梨树也许真的没有主人，可是我们的心，难道也没有个主吗？一定要随心所欲偷吃不是属于自己的东西吗？"

人生的主张来自于自身对生命意义的思索与定调，如何为人生的轨迹定下坐标，对自己从何处来，往何处去，要什么，不要什么，都有一定的看法。究根结底，生活中一个人有没有主张的问题，就是看他心中有主还是无主。心中无主，则较容易随着外在环境与自身的欲望流动，显现出焦躁不安的生命情调，或许外强中干，不堪一击；心中有主，走在人生的路途，就比较可能攻守自如，刚柔并济，显现出波澜壮阔的生命情调！

在人的一生当中，或许会有很多的负担和一些不幸，但却也绝非全然。因为，只要自己心中有主张，我们还是有可能掌握到欢喜的片刻的。换句话说，就是生命或许悲苦，但苦中也可作乐，关键就在于你的内心中的一个心态或一个主张。

有位诗人曾说："春有百花秋有月，夏有凉风冬有雪；若无闲事挂心头，便是人间好时节。"这话说得多好啊！的确，我们面对这无常的人生与多变的生活，就应该以这样的心态来对待。事实上，人生之旅就好像是一年的四季，总有春、夏、秋、冬。我们除了要懂得欣赏春花秋月的美外，也不应该忽视夏凉冬雪的时刻。生命中的每一个时刻都有它的阶段意义，生活中的每一片刻也都有它的情趣。这时候的生命必定是美丽的，这便是"随遇而安"的人生主张。

不要为他人和外物所左右。经常为他人所左右的人心中充满了恐惧，进而坐立不安。这种人必定是一个失败者。因此，他经常对他人的要求产生不必要的责任感，而无法做自己的主人。要敢于说"不"，不要怀有罪恶感。应该高兴、快乐时却产生罪恶感，一定是因为自己的观念被扭曲了。

活着要有主张，归根结底，就是忘却外在的束缚，追求内心的一种超越，进退荣辱，是非成败，全部淡然处之，获得属于自己的那份恬淡和真纯。这样的生活才最有格调也最有主张。

人生在世一次，是很不容易的，所以我们一定要学会做自己的主人，千万别活在别人那两片薄薄的嘴皮上，更不能活在别人的期待中！我们要做回自己，活出本真的自我来！

## 不要受毁誉褒贬之左右

人活于世，不可受毁誉褒贬所左右。　　　　　　　　——梭罗

历来的士大夫阶层文化人，有些精神追求的人，往往在荣辱问题上采取顺其自然的态度。或仕或隐，无所用心。能上能下，宠辱不计，只要顺势、顺心、顺意即可。这样一来既可以在条件允许的情况下为百姓做点好事，又不至于为争宠争禄而劳心劳神，去留无意，亦可远离祸患；有时在利害与人格发生矛盾时，则以保全人格为最高原则，不以物而失本性、失人格。如果放弃人格而趋利避害，即使一时得意，却要长久地受良心谴责。

在荣辱问题上，做到"难得糊涂"、"去留无意"，这才叫潇洒自如，顺其自然。一个人，当你凭自己的努力、实干，靠自己的聪明才智获得了应得的荣誉、奖赏、爱戴、夸耀时，应该保持清醒的头脑，有自知之明，切莫受宠若惊，飘飘然，自觉霞光万道，所谓"给点光亮就觉灿烂"。无可无不可，宠辱不惊，当如古人阮籍所云

"布衣可终身，宠禄岂足赖"，一切都不过是过眼烟云，荣誉已成过去时，不值得夸耀，更不足以留恋。另一种人，也肯于辛勤耕耘，但却经不住玫瑰花的诱惑，有了荣誉、地位，就沾沾自喜，飘飘欲仙，甚至以此为资本，争这要那，不能自持。更有些人，"一人得道，鸡犬升天"，居官自傲，横行乡里，他活着就不让别人过得好。这些人是被名誉地位冲昏了头脑，忘乎所以了。

建文帝四年六月，朱棣攻下应天，继承帝位，改号永乐，史称成祖。论功行赏，姚广孝功推第一。故成祖即位后，姚广孝位势显赫，极受宠信。先授道衍僧录左善世。永乐二年（1404年）四月拜善大夫太子少师。复其姓，赐名广孝。成祖与语，称少师而不呼其名以示尊宠。然而当成祖命姚广孝蓄发还俗时，广孝却不答应；赐予府第及两位宫人时，仍拒不接受。他只居住在僧寺之中。每每冠带上朝，退朝后就穿上袈裟。人问其故，他笑而不答。他终生不娶妻室，不蓄私产。唯一致力其中的，是从事文化事业。曾监修太祖实录，还与解缙等纂修《永乐大典》。学术思想上颇有胆识，史称他"晚著道余录，颇毁先儒"，当然，也曾招致一些人的反对。

永乐十六年（1418年）三月，姚广孝八十四岁时病重，成祖多次看视，问他有何心愿，他请求赦免久系于狱的建文帝主录僧溥洽。成祖入应天时，有人说建文帝为僧遁去，溥洽知情，甚至有人说他藏匿了建文帝。虽没有证据，溥洽仍被枉关十几年。成祖朱棣听了姚广孝这唯一的请求后立即下令释放溥洽。姚广孝闻言顿首致谢，旋即死去。成祖停止视朝二日以示哀悼。赐葬房山县东北，命以僧礼隆重安葬。

在明王朝初年那风云变幻、惊心动魄的政治舞台上，姚广孝以一个和尚的身份掩饰自己，觊觎权柄，殚精竭虑地策划兵变，导演了一出复杂而又尖锐的历史话剧，用计以坚朱棣反叛之志，训练军队鹅鸭乱声，又寡敌众智保北平以及疾趋京师并终于使江山易主，都表现了他多方面的惊人才智和谋略。至于他功高不受赐，则反映了他对统治阶级上层残酷倾轧的清醒认识和明哲保身的老谋深算。

商业社会，要真正做到脱离物质而一味追求人格高尚纯洁确实很难。但要有了人格追求，起码可以活得轻松潇洒些，不为物质所累，更不会为一次晋级、一次调房、一次长薪而闹得不可开交，即使不争不闹心中也闷闷不乐，郁郁寡欢；也不会为功名利禄而趋炎附势，投其所好，出卖灵魂，丢失人格。现实生活中，每个人都可能有一两次这样的经验和体会，当你淡泊利害，保住人格时，那种欣喜愉悦是发自肺腑的，淋漓尽致的。一个坦坦荡荡的人，他的心是宁静安逸的；而蝇营狗苟的小人，其心境永远是风雨飘摇的。

得到了荣誉、宠禄不必狂喜狂欢，失去了也不必耿耿于怀，忧愁哀伤，这里面有一个哲理，即得失界限不会永远不变。一切功名利禄都不过是过眼烟云，得而失之，失而复得这种情况都是经常发生的，意识到一切都可能因时空转换而发生变化，就能够把功名利禄看淡看轻看开些，做到"荣辱毁誉不上心"。

## 韬晦隐忍是手段，
## 待机求成才是目的

聪明的人永远不会坐在那里为他们的损失而悲伤，他们会很愉快地想办法来弥补他们的创伤。
——莎士比亚

生活中总有不少中年人活在过去，为过去发生的事忧虑、追悔不已。他们总会想起年轻时做错的事，因为贪玩，而丧失了机会……却不想办法来弥补以前发生的事情所产生的不良影响，要知道我们绝不可能去改变已经发生的任何一件事情。一位智者曾说过：要使过去的失败具有真正积极的意义，唯一的方法，就是冷静分析失败的原因，吸取教训，然后忘了过去的失败。要适应现状，"忘记"就是一条值得尝试的新途径。

这句话的确很有道理，可是却总有人没有勇气、没有心思去这样做。著名成人教育家拿破仑·希尔曾有过这样一次奇妙的经验，他这样叙述自己的经历：

我曾开办了一个非常大的成人教育机构，在很多城市里都有分部，在管理费和广告费上的投资很大。我当时忙于教课，没有时间、也没有心思去管理财务问题，并且当时也太天真，不知道自己应该授权给一个很好的业务经理来协助支配各项收支。

过了一年，我发现了一件惊人的事实：我发现虽然我们的收入非常多，却没有得到相应的利润。针对这种现象，我认为自己应该马上做两件事情：

第一，我应该有足够的勇气和智慧，就像黑人科学家乔治·华盛顿·卡佛尔做的那样，他承受住了将自己毕生的积蓄从银行账户转给别人的事实。当有人问他是否知道自己已经破产了的时候，他回答说："是的，也许就像你所说。"然后继续做自己喜欢做的事情。他把这笔损失从他的记忆里抹去，以后再也没有提起过。

第二，我应当做的另一件事就是把自己失败的原因找出来，记住惨痛的教训，然后从中学到一些有用的经验。

但是说实话，这两件事我一样也没有做。相反地，我却沉浸在经常性的忧虑与痛苦中。一连好几个月我都恍恍惚惚的，睡不好，体重也减轻了很多，不但没有从这次失误中学到教训，反而接着又犯了一个同样的错误。

对我来说，要承认以前这种愚蠢的行为，实在是一件很为难的事。我早就发现："去指挥、教导二十个人怎么做，比自己一个人真正去做，要容易多了。"

希尔先生认为，教他生理课的一位老教授教给了他最有意义的一课，他为此受益终生。他回忆说：

那时我才十几岁，但是我好像常为很多事发愁。我常常为自己犯过的错误哀叹不已，考试完以后，我常常会半夜里睡不着。总是担心自己考不及格；追悔我做过的那些事情，希望当初不该那样做；我总爱反思我说过的一些话，总希望当时能把那些话说得更好。

一天早上，我们全班到了科学实验室。教授把一瓶牛奶放在桌子边上。我们都坐着，望着那瓶牛奶，不知道牛奶跟生理课有什么关系。然后，教授突然站了起来，看似不小心地一碰，把那瓶牛奶打翻在地，然后，他在黑板上写道："不要为打翻了的牛奶而哭泣。"

"好好地看一看，"教授叫我们所有的人仔细看看那瓶打翻的牛奶，"我要你们永远都记住这一课，这瓶牛奶已经没有了，它都漏光了。无论你怎么着急，怎么抱怨，都没有办法再收回一滴。我们现在所能做的，只是把它忘掉，丢开这件事情，注意下一件事。"

我早已忘了我所学到的几何和拉丁文，这短短的一课却让我记忆犹新。后来，我发现这件事在实际生活中所给我的教益，比我在高中读了那么多年书所学到的都有意义。它教我懂得：尽量不要打翻牛奶，万一打翻牛奶并整个漏光的时候，就要彻底把这件事情忘掉。

的确，这句话很普通，也可以算是老生常谈了；可是像这样的老生常谈，却包含了多少代人所积聚的智慧，这是人类经验的结晶，是世世代代流传下来的。你不会看到有比"船到桥头自然直"和"不要为打翻的牛奶而哭泣"更基本、更有用的常识了。只要我们能运用它，不轻视它，我们就能在现实生活中心境开阔，以更好的心态去面对明天。

156

"现实生活中你们不可能锯木屑",希尔先生说道,"因为那些都是已经锯下来的。过去的事也是一样,当你开始为那些已经做完的和过去的事忧虑的时候,你不过是在锯一些无用的木屑。"

著名棒球选手康尼·迈克81岁的时候,有人问他有没有为输了的比赛忧虑过。"多年以前我就不干这种傻事了。我发现这样做对我完全没有好处,磨完面粉就不能再磨,"他说,"水已经把它们冲到底下去了。"

世界拳王登朴希曾这样叙述自己拳坛生涯的最后一段岁月,他说,自己最后把世界拳王的称号输给对手时,他的自尊心受到了沉重的打击。

他在雨中往回走,穿过人群回到房间。一路上,他看见了一直支持自己的观众眼睛里含着泪水,一些人要握住他的手安慰他。

一年后,不甘心的登朴希又跟对手比赛了一场,但此时他已没了信心,结果又失败了,从此他开始怀疑自己是不是就这样完了。要完全克制自己不去想这件事情实在很难,终于有一天,他对自己说:"我不打算生活在过去里,我要能承受这一次打击,不能让它把我击垮。"

杰克·登朴希做到了这一点,他的做法是承受一切,忘掉过去的失败,然后集中精力来为未来计划。他开始经营百老汇的登朴希餐厅和大北方旅馆,安排和宣传拳击赛,举办有关拳击赛的各种展览会,他让自己忙着做一些富于建设性的事情,使他既没有时间也没有心思去为过去担忧。"在过去十年里,"登朴希说,"我的生活比我在做世界拳王的时候要开心得多。"

莎士比亚说:"聪明的人永远不会坐在那里为他们的损失而悲伤,他们会很愉快地想办法来弥补他们的创伤。"

为什么要浪费那么多无谓的眼泪呢?虽然,犯了错误和发生疏忽都是我们的不对,可是又怎么样呢?谁没犯过错?就连拿破仑,

在他所有重要的战役中也输过三分之一。也许我们的平均纪录并不会比拿破仑好一些。何况，即使动用全世界所有的人马，也不能把已经过去的挽回。

过去的失败如果投下的一直是阴影，并且让它影响眼前和今后的生活，实在是一种自甘沉沦的做法。我们所面对的永远是未来，而不是过去。我们回忆起从前的时候，应该是感谢它带给我们的经验和动力，感谢它为我们走向美好的明天而做了一块铺路的垫脚石，把我们送上这条更好的生活道路。

# 只有推动自己才能推动世界

> 人，只要有一种信念，有所追求，什么艰苦都能忍受，什么环境也都能适应。
> ——丁玲

这个世界不乏一些拥有宏图大志的人，他们有理想、有目标，心中有着一幅宏伟的蓝图。但是他们缺少的就是切实的行动，一切都是空谈。因此他们的所谓"理想"就像水中月、镜中花一样虚无缥缈，永远无法实现。但愿我们这个世界多一些扎扎实实做事的人，少一些只说不做的"空想家"。在有的人看来，所谓的成功，不过是"勇敢地去做"。因为，只有推动了自己，才能推动整个世界！

那么，我们该如何推动自己呢？那就是善于用知识武装头脑，并将之转化为行动力。

中国有句古语，叫作"书中自有黄金屋"。虽然时代背景发生了变化，但这句古话到现在也没有错：勤奋学习终究会有回报。

经济不景气，失业率居高不下，对那些失业的大学生、白领而言，身有一技之长，倒还可以豪言壮语一番，正所谓：人生所至，到处有青山；而对于那些读书少、又失业的人而言，只有"少小不努力，老大徒伤悲"了。

知识改变命运。美国近十年开始从制造型经济逐渐向知识型经济过渡，雇佣人员模式发生了相应的转变，即对被雇佣的人学历要求高了。这也是为什么高学历的人容易找工作的另一原因。有学历的白领大多能适应知识经济的发展，而那些没有学历或学历较低的人就无法应对时代的转型，一旦自己所从事的行业衰退，就很难再去适应新的工作。

在非洲的大草原上生活着羚羊和狮子。每天清晨，羚羊从睡梦中醒来，它想的第一件事就是，我必须比跑得最快的狮子还要快，否则，我就会被消灭。而狮子也同时在想：要想得到今天的美餐，我必须比跑得最快的羚羊快，否则我就会被饿死。于是在广袤无垠的大草原上，无时无刻不在演绎着惊心动魄的生死搏杀，优胜劣汰的自然法则在这里体现得淋漓尽致。

在20世纪70年代，欧美一些未来学家曾经预言：当人类跨入21世纪时，每周的工作时间将压缩到36小时，人们将会有更多的时间提升自我，休闲娱乐。

但历史的脚步真的迈入21世纪时，人们却惊讶地发现，相当多的人每周工作时间在无限延长，甚至超过了72小时，甚至有不少人被"剥夺"了工作的权利，被市场无情地淘汰和抛弃了，而那些每周工作时间在不断延长的人们更是愈加发奋地"提升"自我。

这是一个竞争激烈的时代。在这个世界上，如果你不努力学习，适应社会，那么你将被社会所淘汰。你要想不被社会所淘汰，你就必须用"淘汰自己"的精神去学习。

科尔·赛辽尔出生在美国的一个小乡村，只受过很短的学校教育。15岁那年，家中一贫如洗的他就只身来到一个山村做了马夫。三年后，他来到钢铁大王卡耐基所属的一个建筑工地打工。一踏进建筑工地，科尔就抱定了要做同事中最优秀的人的决心。当其他人在抱怨工作辛苦、薪水低而怠工的时候，科尔却默默地积累着工作经验，并自学建筑知识。

一天晚上，同伴们在闲聊，唯独科尔躲在角落里看书。那天恰巧公司经理到工地检查工作，经理看了看科尔手中的书，又翻开了他的笔记本，什么也没说就走了。第二天，公司经理把科尔叫到办公室，问："你学那些东西干什么？"科尔说："我想我们公司并不缺少打工者，缺少的是既有工作经验、又有专业知识的技术人员或管理者，对吗？"经理点了点头。不久，科尔就被升任为技师。打工者中，有些人讽刺挖苦科尔，他回答说："我不光是在为老板打工，更不单纯为了赚钱，我是在为自己的梦想打工，为自己的远大前途打工。我们只能在业绩中提升自己。我要使自己工作所产生的价值，远远超过所得的薪水，只有这样我才能得到重用，才能获得机遇！"抱着这样的信念，科尔一步步升到了总工程师的职位。25岁那年，科尔又做了这家建筑公司的总经理。

读书易，思考难，两者缺一，就都全无用处。再后来，科尔被卡耐基任命为钢铁公司的董事长。在一次对普林斯顿大学学生的演讲中，科尔深入地谈了自己对工作的感受，他说："要想成功，最最重要的莫过于将工作当作理所当然的事。如果你非要做个贪婪者的话，那就做个贪婪工作的人吧。"

不幸有多种表现形式，比身体伤害严重得多的是在浑浑噩噩中让自己的头脑无情地枯萎，这将导致停滞不前和最终失败。那些大老板尚且如此，我们这些普通人有何不能呢？

善行者究其事，善学者究其理。明白事理方能成功。

成功者不一定有文凭，但一定是善于学习的人。你只有推动自己，才能推动世界！

## 目标在于实现，不在于高远

> 向着某一天终究要达到的那个终极目标迈步还不够，还要把每一步骤看成目标，使它作为步骤而起作用。　　　　——歌德

目标是人生取得成功的指针，一世的辉煌由无数个目标垒成，脚步踏踏实实地，目标一个一个地实现，不要三心二意，幻想着成功可以一蹴而就。

有一天，富翁派遣自己的两个儿子去指定的地方帮助别人。两个儿子各领了一部分财物便匆匆上路。行至中途连遭大雨，他们依旧风雨兼程。不料，一条大河拦住了他们的去路，河面上的桥已被洪水冲塌，河中也没有任何船只过往。大哥坚持要带着财物返回家中，弟弟则主张就地将财物捐助给别人，哥俩只好各行其道。

大哥带着财物原路返回，一进家门就去见老父亲，并禀报了途中所遇。富翁双眼紧闭，只是低低地哦了一声，便打发他去休息。

几天后，小儿子帮完别人回到家中，富翁一见他便问："你将财物散发完了吗？"小儿子恭恭敬敬地回答："父亲，我已完成任务。"父亲继续追问："那你去哪儿做的呢？是不是我指定的地方？"小儿子并没有直接解释，而回答说："我去的地方不是父亲指定的地方，

但遵照您的意愿,我已把所带财物捐给了最需要帮助的人。"父亲非常满意小儿子的回答,不久就让小儿子做了家里的主事人。

每个人生命中都有一个远大目标,但当这个目标因为某些原因无法实现时,我们是不是就放弃了呢?如果目标还能实现,也没有改变初衷的话,放弃就是不负责任的表现。不如学学富翁的小儿子,在力所能及的范围内,再设定一个目标,并实现它。

师生共同游览黄山。老师对他的学生说:"会当凌绝顶,一览众山小。只有当你到达了山的顶峰,才能体味到人生的真谛。"

学生们一听,便纷纷准备登顶。许多学生商量好联袂而行,他们天刚拂晓的时候就出发,带上充足的食物和水,齐心协力地朝山顶发足狂奔,中途要是累了只稍作休息,渴了饿了补给一下,心智全在山顶。只有一个学生,不与同学们为伍,独自而行,不慌不忙,时而为青山的奇峻秀丽发出由衷的赞叹,时而为鸟儿的自在高翔生出油然的欢呼,心底全然没有山顶的念头。等他登到顶峰的时候,同学们已然焦急地等候在那里。他就问:"你们怎么这么着急啊?头上的汗都滴下来了。"同学们说:"我们找不到真谛啊!"

下山后,老师说:"真谛不在终极,而在当下。山顶的真谛虚无缥缈,沿途的真谛才能收获于自己的心。这次考验,只有一个同学获得了真谛。"我们当然知道老师说的那个同学是谁了。

生活就是这样,只有沿途可以撷取的幸福才是真的幸福,何必步履匆匆地追求虚无缥缈的幸福呢?

生活就是这样,太紧张了就可能会出乱子。做什么事情都要按部就班,不紧不慢,不能为了"完工",就不顾惜自己的身体。生活的节奏要慢下来,目标要一个一个地去征服。既要享受过程,又要欣慰结果,只有如此,生命才算得上饱满和充实。

你可能从小就立下了鸿鹄之志,但你很可能会一事无成。你总说好男儿志在四方,可是你连第一步都无法跨出去,还有什么资格谈四方？燕雀不知鸿鹄之志，但燕雀虽小，五内俱全。燕雀的目标是下一站，这或许会被鸿鹄讥笑。鸿鹄的志向是鹏程万里，可是鸿鹄可能永远处于无法达成目标的焦渴之中，而燕雀则在一次次的胜利之中前进得更远。

不积跬步无以致千里，不积细流无以成江海。

纵使你有天大的本事，也不可能一步登天。高山仰止，你只能一步一步地攀登，才能体验到"会当凌绝顶，一览众山小"是怎样的一种境界。你或许可以借助其他登山工具，如飞机等直接到达山顶，但这样你所得到的也仅仅是一种结果而已。没有过程的结果是毫无意义的，也是虚无的，它就好比是空中楼阁，总会处在虚无缥缈间。

请把你的目标放低一点，再放低一点，不要好高骛远，不要眼高手低。

如果你想破万卷书，就必须老老实实地读完每一本书；如果你想行万里路，就必须扎扎实实地走好每一步！

# 找到发挥自己优势的最佳位置

用人者，取人之长，避人之短；教人者，成人之长，去人之短也。
——魏源

"梅须逊雪三分白，雪却输梅一段香。"人生的诀窍就在于发现自己的长处，找到发挥自己优势的最佳位置。

"尺有所短，寸有所长"。每个人都有自己的长处，如果你能经营自己的长处，就会给你的生命增值；反之，如果你经营自己的短处，那就会使你的人生贬值。

每一个人都有自己的优势，各显其能才会将坏事变好，好事更好。所以，发现自己的长处是重要的，也是必要的。

有一个小男孩儿非常喜欢柔道运动，在他人的引荐下，一位著名的柔道大师答应收他为徒。然而，小男孩儿还没有来得及开始学习，就在一次车祸中失去了右臂。那位柔道大师找到小男孩儿，说："如果你还想学习，我依然会收你做徒弟的。"于是，小男孩儿在伤好后，就跟着大师开始学习柔道。

小男孩儿知道自己的条件不如别人，因此学得格外认真。然而半年过去了，师傅只教了他一招，小男孩儿感到很纳闷，但他相信师傅这样做一定有自己的道理。又过了半年，师傅反反复复教的还是这一招，小男孩儿终于忍不住了，他问师傅："我是不是该学学别的招数？"师傅回答说："你只要把这一招真正学好就够了。"

又过了半年，师傅带小男孩儿去参加一次柔道比赛。当裁判宣布小男孩儿是本次大赛的冠军时，他自己都觉得不可思议。只有一条手臂的他，第一次参赛就以唯一的一招打败了所有的对手。回家的路上，小男孩儿疑惑地问师傅："我怎么会以一招得了冠军呢？"师傅答道："有两个原因：第一，你学会的这一招是柔道中最难的一招；第二，对付这一招的唯一办法是抓你的右臂。"

世间万物的存在都有它自身的价值，只要找到勇敢出击的突破口，谁都是可用之材。而对每个人来说，自身的缺陷在某种情形下正是自身的优势所在，而这种优势是独一无二的，更是别人无法模仿的。

找到自己的优势，即使你只是一根火柴，你也会发出光与热。

因为上帝给你关上一扇大门的同时，必然会给你打开一扇窗。只要打开那扇窗，阳光就会洒满心房，照亮七彩的人生。

当然，并非发现了自己的优势就会取得成功，还需要在各方面进行努力。每个人都有体现价值，发挥自己优势的机会，就如儿歌中唱的那样："鲜花遍地开，朵朵惹人爱。"你要时时告诉自己，世界因为有你的存在而美丽。

一个人拥有明确的目标固然重要，但如果不了解自身的优势，那么这个目标也是难以实现的。原本非常善于演讲，那么就不要当作家，去当演说家好了；原本个性天马行空的一个人，那么就不要做品质管理员这样需要安静的工作，做个策划专员好了。努力成功的人不一定是全才，只要有一技之长就好。人不能总盯着自己的缺点，最主要的是发挥自己的长处。

有这样一则寓言故事：

小狗汤姆到处找工作，忙碌了好多天，却毫无所获。它垂头丧气地向妈妈诉苦说："我真是个一无是处的废物，没有一家公司肯要我。"

妈妈奇怪地问："那么，百灵鸟、蜘蛛、蜜蜂和猫呢？"

汤姆说："百灵鸟是音乐学院毕业的，所以当了歌星，蜜蜂当了空姐，蜘蛛在搞网络，猫是警官学校毕业的，所以当了保安。和它们不一样，我没有接受高等教育的经历和文凭。"

妈妈继续问道："还有母牛、绵羊、马和母鸡呢？"汤姆说："母牛可以产奶，绵羊的毛是纺织服装的原材料，马能拉车，母鸡会下蛋。和它们不一样，我是什么能力也没有。"

汤姆的妈妈想了想，说："你的确不是一匹拉着战车飞奔的马，也不是一只会下蛋的鸡，可你不是废物，你是一只忠诚的狗。虽然你没有受过高等教育，本领也不大，可是，一颗诚挚的心就足以弥补你所有的缺陷。记住我的话，孩子，无论经历多少磨难，都要珍惜你那颗金子般的心，让它发出光来。"

汤姆听了妈妈的话，使劲地点点头。在历尽艰辛之后，汤姆不仅找到了工作，而且当上了行政部经理。

鹦鹉不服气，去找老板理论，说："汤姆既不是名牌大学的毕业生，也不懂外语，凭什么给它那么高的职位呢？"

老板冷静地回答说："很简单，因为它是一只忠诚的狗。"

这个寓言说的就是发挥自己优势的重要性，发现了自己的优势能力，还要善于运用，否则你的优势就会白白浪费、毫无价值。就像一粒金子，如果沉在海底，就无异于破铜烂铁，只有把它捞出来，真正使用，才能体现它的价值。每个人最大的成长空间在于其最强的优势领域，多花点时间把自己的优势发挥到极致，而不是花很多时间去弥补劣势。很多人在生活中，总是放大自己的劣势，看不到自己的优势。

其实从统计学的角度来说，一无是处或十全十美的人基本上是不存在的，大部分人都是只有一方面表现比较突出，只有少数人可能在多方面有突出的表现。你所需要做的就是尽量突出自己的优势，而不是将注意力放在自己的缺点上。要知道，弥补劣势，虽然有时确有必要，但它不能使我们出类拔萃，而只能使我们避免失败。因为很多能力是与生俱来的，依靠教育、学习与培训也是事倍功半，未必有好的效果。

# 八

# 凡事有度，一切适可而止

适可而止，见好便收，是历代智者的忠告，更是一门处世的艺术。

世事如浮云，瞬息万变。不过，世事的变化并非无章可循，而是穷极则返，循环往复。人生变故，犹如环流，事盛则衰，物极必反。生活既然如此，做人处世就应处处讲究恰当的分寸。过犹不及，不及是大错，太过是大恶，恰到好处的是不偏不倚的中和。基于这种认识，中国人在这方面表现出了高超的处世艺术。中国人常说："做人不要做绝，说话不要说尽。"廉颇做人太绝，不得不肉袒负荆，登门向蔺相如谢罪。郑伯说话太尽，无奈何掘地及泉，隧而见母。故俗言道："凡事留一线，日后好见面。"凡事都能留有余地，方可避免走向极端。特别在权衡进退得失的时候，务必注意适可而止，尽量做到见好便收。

## 要懂得适可而止

法不孤起，仗境方生。道不虚行，遇缘则应。　——《金刚经》

任何事物都不是孤立的，适应了环境，它就会生长。修道也不是空行的，遇到缘分就能适应。

佛教讲"法不孤起，仗境方生"。因为"缘起"，因此人生有无限的机会、无限的力量、无限的潜能、无限的意义。可以说，人生就是一个"无限"。但是，我们也不能因为无限，就毫无顾忌，妄肆而为。有的时候，更应该有个"适可而止"的人生。强开的花难美，早熟的果难甜，天地的节气岁令，总有个时序轮换。《宝王三昧论》也说："于人不求顺适，人顺适则心必自矜。见利不求沾分，利沾分则痴心亦动。""适可而止"，实在可以作为座右铭的参考。

在生活悲欢离合、喜怒哀乐的起承转合过程中，人应随时随地、恰如其分地选择适合自己的位置。中国人说："贵在时中！"时就是随时，中就是中和，所谓时中，就是顺时而变，恰到好处。正如孟子所说的："可以仕则仕，可以止则止，可以久则久，可以速则速。"鉴于人的情感和欲望常常盲目变化的特点，讲究时中，就是要注意适可而止，见好就收。一个人是否成熟的标志之一是看他会不会退而求其次。退而求其次并不是懦弱畏难。当人生进程的某一方面遇到难以逾越的阻碍时，善于权变通达，心情愉快地选择一个更适合自己的目标去追求，这事实上也是一种进取，是一种更踏实可行的以退为进。古人说："力能则进，否则退，量力而行。"自不量力是做人的大敌。当一个人在一种境地中感到力不从心的时候，退一步反而海阔天空。

一个聪明的女人懂得适度地打扮自己，一个成熟的男子知道恰当地表现自己。美酒饮到微醉处，好花看到半开时。明人许相卿说："富贵怕见花开。"此语殊有意味。言已开则谢，适可喜正可惧。做人要有一种自惕惕人的心态，得意时莫忘回头，着手处当留余步。此所谓"知足常足，终身不辱，知止常止，终身不耻。"宋人李若拙因仕海沉浮，作《五知先生传》，谓做人当知时、知难、知命、知退、知足，时人以为智见，反其道而行，结果必适得其反。

君子好名，小人爱利，人一旦为名利驱使，往往身不由己，只知进，不知退。尤其在中国古代的政治生活中，不懂得适可而止，见好便收，无疑是临渊纵马。中国古代的君王，大多数可与同患难，难与处安。所以做臣下的在大名之下，往往难以久居。故老子早就有言在先："功成，名遂，身退。"范蠡乘舟浮海，得以全终；文种不听劝告，饮剑自尽。此二人，足以令中国历代仕宦者为戒。不过，人的不幸往往就是"不识庐山真面目"。

任何人不可能一生总是春风得意。人生最风光、最美妙的时刻往往是最短暂的。俗言道："花无百日红，人无千日好。"世故如此，人情也是一样。与人相交，不论是同性知己还是异性朋友，都要有适可而止的心态。君子之交淡如水，既可避免势尽人疏、利尽人散的结局，同时友谊也只有在平淡中方能见出真情。越是形影不离的朋友越容易反目为仇。因此，古人告诫说："受恩深处宜先退，得意浓时便可休。"即使是恩爱夫妻，天长日久的耳鬓厮磨，也会有爱老情衰的一天。北宋词人秦少游所谓"两情若是长久时，又岂在朝朝暮暮"，这不只是劳燕两地的分居夫妻之心理安慰，更应为终日厮守的男女情侣之醒世忠告。

佛下山游说佛法,在一家店铺里看到一尊释迦牟尼像,青铜所铸,形体逼真,神态安然,佛大悦。若能带回寺里,开启其佛光,济世供奉,真乃一件幸事,可店铺老板要价5000元,分文不能少,加上见佛如此钟爱它,更加咬定原价不松口。

佛回到寺里对众僧谈起此事,众僧很着急,问佛打算以多少钱买下它。佛说:"500元足矣。"

众僧唏嘘不止:"那怎么可能?"

佛说:"天理犹存,当有办法,万丈红尘,芸芸众生,欲壑难填,得不偿失啊,我佛慈悲,普度众生,当让他仅仅赚到这500元!"

"怎样普度他呢?"众僧不解地问。

"让他忏悔。"佛笑答。众僧更不解了。

佛说:"只管按我的吩咐去做就行了。"

第一个弟子下山去店铺里和老板砍价,弟子咬定4500元,未果回山。

第二天,第二个弟子下山去和老板砍价,咬定4000元不放,亦未果回山。

就这样,直到最后一个弟子在第九天下山时所给的价已经低到了200元。眼见着一个个买主一天天下去、一个比一个价给得低,老板很是着急,每一天他都后悔不如以前一天的价格卖给前一个人了,他深深地怨责自己太贪。到第十天时,他在心里说,今天若再有人来,无论给多少钱我也要立即出手。

第十天,佛亲自下山,说要出500元买下它,老板高兴得不得了——竟然反弹到了500元!当即出手,高兴之余另赠佛龛台一具。佛得到了那尊铜像,谢绝了龛台,单掌作揖笑曰:"欲望无边,凡事有度,一切适可而止啊!善哉,善哉……"

古人言："乐不可极，乐极生悲；欲不可纵，纵欲成灾。"乐极生悲一语中国几乎妇孺皆知，但一般人对它的理解，往往是一个因快乐过度而忘乎所以、头脑发热、举止失矩，结果不慎发生意外，惹祸上身，化喜为悲。凡读过王羲之的《兰亭集序》的人，大致上可以领悟乐极生悲的含义。在崇山峻岭、茂林修竹的雅致环境里，众贤毕至，高朋会聚，曲水流觞，咏叙幽情，这是何等快乐！王羲之欣然记道："是日也，天朗气晴，惠风和畅。仰观宇宙之大，俯察品类之盛，所以游目骋怀，足以极视听之娱，信可乐也。"但是，就在"快然自足。不知老之将至"之时，突然使人产生了万物"修短随化，终期于尽"的悲哀，于是情绪一转："及其所之既倦，情随事迁，感慨系之矣！向之所欣，俯仰之间，已为陈迹，犹不能不以之兴怀。"这是真正的乐极生悲。类似的心情变化可以在苏东坡的《前赤壁赋》中进一步印证。苏东坡与客泛舟江上，"饮酒乐甚，扣舷而歌"，这本来是很快活的，偏偏乐极生悲，"客有吹洞箫者，倚歌而和之"，其声偏偏又呜呜然。"如怨如慕，如泣如诉"，这八个字真是把一个人由乐转悲之后的难言心境写绝。饮酒本是一件乐事，但多愁善感的人饮酒，往往会睹物生情，情到深处反添恨。正如司马迁所说："酒极则乱，乐极则悲，万事尽然。"

　　乐极生悲概括地讲，是一种对生命的热爱和留恋而生出的惘然和悲哀，详情而言，是一个人对生活中好花不常开，好景难常在的无奈和怅怀。人的情绪很难停驻在一种静止的状态，人对世事盛衰兴亡的更替习以为常之后，心境喜怒哀乐的轮回变换也成为了自然，人在纵情寻乐之后，随之而来的往往是莫名其妙的空虚伤怀，推之不去避之不开，因为欢乐和惆怅本来就首尾并列。所以庄子在"欣欣然而乐"之后感叹："乐未毕也，哀又继之。"人只有在生命的愉悦中才能体会真正的悲哀。所以，真正的丧亲之痛，不在丧亲之时，而在合家欢宴，或睹旧物思亡人的那一瞬间。人在悲中不知悲，痛定思痛是真痛。

## 凡事不能太过，太过则招致祸患

> 人生太闲，则别念穷生；太忙，则真性不现。故士君子不可不抱身心之忧，亦不可不耽风月之趣。
> ——《菜根谭》

《菜根谭》中曾描绘过这样一种境界：官爵不要太高，不要一定达到位极人臣，否则就容易陷入危险的境地；自己得意之事也不可过度，不能得意忘形，否则就会转为衰颓；言行不要过于高洁，不要盲目清高，否则就会招来诽谤或攻击。

这是现实生活中的一种处世良方。孔子曾说过："过犹不及。"采取均衡状态，不过分，不嚣张，却也没有很消极落后，这是一种智慧，即是儒家的"中庸"之说。《菜根谭》中有许多关于"中庸之道"的金玉良言，如："人生太闲，则别念穷生；太忙，则真性不现。故士君子不可不抱身心之忧，亦不可不耽风月之趣。"

同样的道理，在我们精神愉悦的时候，也不能忘乎所以，适可而止才能享受真正的快乐。大凡美味佳肴吃多了就会产生强烈的排斥和恶心，只要吃一半就够了；令人愉快的事追求太过，或者享受的欢乐，自己却把握不住，就成为败身丧德的平台，能够控制一半才是恰到好处。

在很多人看来，名分多多少少都要有点，即使是虚名，所以还是有不少人去追求。这样注重虚名，只能让自己越来越肤浅。人有了虚名，往往容易被人牵着鼻子走。三国时的许靖就是由于有些虚名，被士大夫们所看重，因而也被刘备利用了。

三国的刘璋，属下有个叫许靖的，汝南郡人。在他年轻时，就与堂弟许劭一样，善于褒贬评论人物。由于战乱不断，辗转来到益州，先后担任巴郡、广汉、蜀郡等大郡的太守，与当时的社会名流，诸如华歆、王朗、陈群这些魏国的辅佐大臣都有来往，尤其是在知识分子中很有些名气。可是，就在刘备围攻成都的时候，许靖曾准备背叛刘璋，趁刘璋不注意，出城投降刘备，因为被发觉，没有成功。刘璋也看到自己本已危在旦夕，因此没有杀他。后来刘璋投降了，刘备对那些跟着刘璋投降过来的人，都妥善地予以安排任用，就是瞧不起许靖，认为他对主人不忠，不打算任用他。

刘备的手下法正进言说："天下有喜欢邀虚名，实际上没有真才的人，许靖就是这样的人。然而现在您才创建大事业，凡事您不可能挨家挨户地向人们去解释。许靖的虚名，传扬于天下。如果您不特别礼遇、重用他，天下的人因此就会说您轻视人才。您应该敬重许靖，以此让远远的人都知道，您是多么的重视人才，就像战国时候的燕昭王为了招纳贤才，却先厚待郭隗一样。"

刘备听了之后，认为法正说得很对，立即任命许靖为左将军长史，总管将军事务。后来刘备做了汉中王，又尊崇许靖做了太傅，那是国家最高级别的荣誉官衔呢！于是，好些有才能的人，甚至曾经反对刘备的人，都倾心为刘备效力了。

许靖真是可怜，看似功成名就，声名显赫，但实际上刘备对他心中别有想法，用他也是为自己的大事业考虑，把许靖当作一个招牌，招揽天下人才罢了，并不是真正欣赏他的才能。

## 今日的执着，会造成明日的后悔

变则通，通则久。　　　　　　　　　——《易·系辞下》

有的人羡慕孙悟空的"七十二变"，不愿意每分钟都固定不动。"七十二变"确实很厉害，但是怎么也敌不过稳如泰山的如来佛；有的人追求飞蛾扑火的壮烈，以为那是一种执着的美，扑火的一瞬间，飞蛾毅然决然，但终究还是化为灰烬。其实生活中我们会遇到很多难题，只有既坚持执着又坚持变通才是最好的解决之道。

这样说似乎是有些矛盾。执着是指面对一个方向坚持走下去，而变通则是灵活应变，随时改变方向。这两个词似乎是反义词，但是，矛盾总是统一的，并可以在一定条件下相互转化。每当我们面临困难时，我们要选准一个方向，执着地去探寻解决的方法。如果丝毫也不见效果，那么我们的方向可能错了，就要开动脑筋变通一下，重新确定个方向再坚持不懈，直到解决困难为止。在这里的"一定条件"就是指"丝毫不见效果"。所以说，只有在需要变通时才能变通，否则我们永远也不能找到正确答案。

两个人进山洞寻宝，但是迷了路。后来干粮快吃完了，只剩下了一支手电筒。第一个人起了坏心眼，夺走了余下的干粮和那支手电筒，离开了第二个人。山洞中漆黑无比，第二个人每走一步，因为没有了手电筒，都有可能摔倒。但是也正因为没有手电筒，使第二个人的眼睛对光亮异常敏感，最后终于爬出了山洞。而第一个人吃光了干粮，拿着手电筒搜寻出口，怎么也找不到洞口，最后终于饿死在山洞里。

这虽然只是一个小故事，但是从中我们却可以看出许多道理。一般人在黑暗之中都需要光亮，但是第二个人却因为没有手电筒而走出山洞，这是变通的表现。当然，如果第二个人缺少了执着探寻的信念和坚持不懈的努力，也是不能爬出山洞的。

现代社会是个瞬息万变的世界，你永远不知道下一秒钟会发生什么变化，所以我们就必须具有临危不惧的头脑和以静制动的思想，不能随波逐流，飘摇不定。不过，我们也必须具备随机应变的能力和灵活作战的方式，只有这样才能不被社会所淘汰。

人的一生少不了一种叫作执着的精神，或者说是一种信念，但是现实生活和世界的纷繁复杂和多变让我们意识到：其实机智灵活的变通往往比执着更能获得"完美"。

适时的变通往往需要一种灵活而又迅速的转变，来一个对规则束缚的挣脱，否则我们若一味地钻入"执着"的套子，结果陷入其中不能自拔，则可被称为"钻牛角尖的英雄人物"，所以，这就要求我们要真正地开阔思维，寻找多种渠道来解决问题，或许你会从中得到不用劳神费力、盲目执着蛮干的意外收获。

譬如"愚公移山"的故事，人们往往会称赞愚公坚持不懈、执着不屈的精神。这种精神固然是可贵的，是战胜困难所必备的，但如果我们突破思维规则的束缚，再来谈论一下愚公的举动，或许你就会发现，其实愚公的做法也是一种很"傻"的办法，出动全家大小、男女老幼进行移山，那经济来源何以取之呢？与其用微乎其微的力量来"搬"山，倒不如开辟一条旅游的通道来，在山上建一些"风景"，岂不更好？所以当执着真正地植入人的思想、生活和社会，就需要我们用思维和理智另辟一条新路。

如果我们缺少了变通，一味地执着，或许我们也可称这种行为是蛮干，这种"执着"往往使人身陷困境并湮没于困境，对国家和社会生活也会造成不可估量的损失。

生命的旅途中有平坦的大道也有崎岖的小路；有春光明媚万紫千红，也有寒风凛凛万木枯萎。在生命的寒冬里我们需要执着，然而当面前就是万丈深渊之时还固执前行就意味着死亡。变通就是：一指间的距离却让你获得生命。

一个林场主从父亲那里继承了大片的林场，每天驾车穿梭于林场中，他都万分欣喜地看着这些能给他带来大笔财富的森林。然而。一场无情的大火把一棵棵百年树木变成了焦木，他失魂落魄地走在街上，发现许多人排队购买木炭取暖。他灵机一动，把焦木加工成木炭销售，结果获得了大笔财富。

聪明的林场主在苦心经营的林场成为焦木时，没有盲目地执着种树，而是利用焦木获得大量财富。这一指间的变通让他重获财富。

变通能带来成功，转机能给人以新生。"变则通，通则久。""历史是不断运动变化发展的，我们要用发展的观点看问题，使思想和实际相符合。"这是马克思的辩证法给我们的科学真理。

商鞅二次变法为秦统一全国奠定了基础；唐太宗、唐玄宗的变法改革于是有了开元盛世，有了贞观之治；日本的明治维新使日本迅速发展。而清朝的闭关锁国、故步自封则使中国严重落后于世界历史的潮流，造成中国沦为半殖民地半封建社会，造成了大量财产被帝国主义夺占，造成了中国人民的屈辱史和血泪史。

因此，人的一生不能缺少执着，更不能缺少变通；只有突破思维的束缚，我们才能正确地看待和评价事物的是与非，才能在理想的道路上执着而又灵活平稳地前进。当我们真正地将"变通"和"执着"融合，真正获得思维的解放，或许我们会得到更多。

一个人需要变通来获得成功，一个企业需要变通来获得效益，一个民族需要变通来获得发展。变通就在你不经意的一瞬间，就是一指间的距离，变通会让你看到柳暗花明。

# 不要求太多，要懂得知足

> 爵位不宜太盛，太盛则危；能事不宜尽华，尽华则衰；行宜不宜过高，过高则谤兴而毁来。
> ——《菜根谭》

中国有一句俗话叫"知足常乐"。佛教的理想是"少欲知足"。孟子有一句话："养心莫善于寡欲。"是说希望心能够正，欲望越少越好。他还说："其为人也寡欲，虽不存焉者寡矣；其为人也多欲，虽有存焉者寡矣。"欲少则仁心存，欲多则仁心亡，说明了欲与仁之间的关系。

自古仕途多变动，所以古人以为身在官场的纷华中，要有时刻淡化利欲之心的心理。利欲之心人固有之，甚至生亦我所欲，所欲有甚于生者，这当然是正常的。问题是要能进行自控，别把一切看得太重，到了接近极限的时候，要能把握得准，跳得出这个圈子，不为利欲之争而舍弃了一切。

怎么才能使自己的欲望趋淡呢？"仕途虽纷华，要常思泉下的况景，则利欲之心自淡"。常以世事世物自喻自说则可贯通得失。比如，看到天际的彩云绚丽万状，可是一旦阳光淡去，满天的绯红嫣紫，瞬时成了几抹淡云，古人就会得出结论道："常疑好事皆虚事"；

看到深山中参天的古木不遭斧斤，葱蓬勃发，究其原因是它们不为世人所知所赏，自是悠闲岁月，福泽年长，"方信人是福人"。中国的古代，自汉魏以降，高官名宦，无不以通禅味解禅心为风雅，可以在失势时自我平衡，自我解脱。

人生在世，除了生存的欲望以外，还有各种各样的欲望，自我实现就是其中之一。欲望在一定程度上是促进社会发展的动力，可是，欲望是无止境的，欲望太强烈，就会造成痛苦和不幸，这种例子不胜枚举。因此，人应该尽力克制自己过高的欲望，培养清心寡欲，知足常乐的生活态度。

所谓"花看半开，酒饮微醉，此中大有佳趣。若至烂漫酕醄，便成恶境矣。履盈满者，宜思之。"意即赏花的最佳时刻是含苞待放之时，喝酒则是在半醉时的感觉最佳。凡事只达七八分处才有佳趣产生。正如酒止微醺，花看半开，则瞻前大有希望，顾后也没断绝生机。如此自能悠久长存于天地畛域之中。

又如："宾朋云集，剧饮淋漓乐矣，俄而漏尽烛残，香销茗冷，不觉反而呕咽，令人索然无味。天下事率类此，奈何不早回头也。"痛饮狂欢固然快乐，但是等到曲终人散，夜深烛残的时候，面对杯盘狼藉，必然会兴尽悲来，感叹人生索然无味，天下事大多如此，为什么不及早醒悟呢？

常常看到有些人为了谋到一官半职，请客送礼，煞费苦心地找关系、托门路、机关用尽，而结果还往往与愿相违；还有些人因未能得到重用，就牢骚满腹，借酒浇愁，甚至做些对自己不负责任的事情。凡此种种，真是太不值得了！他们这样做都是因为太看重名利，甚至把自己的身家性命都押在了上面。其实生命的乐趣很多，何必那么关注功名利禄这些身外之物呢？少点欲望，多点情趣，人生会更有意义，何况该是你的跑不掉，不该是你的争也白搭。

因此，注重中庸并保持淡泊人生，乐趣知足的心态，才能使自己体会出无尽的乐趣，达到人生的理想境界。

古人云：求名之心过盛必作伪，利欲之心过剩则偏执。面对物质压迫精神的现状，能够做到视名利如粪土，视物质为赘物，在简单、朴素中体验心灵的丰盈、充实，并将自己始终置身于一种平和、自由的境界。

## 恰到好处，才是最好

> 文章做到极处，无有他奇，只是恰好；人品做到极处，无有他异，只是本然。
> ——《菜根谭》

中国人办事，讲究恰如其分，恰到好处，正如《菜根谭》所言："文章做到极处，无有他奇，只是恰好；人品做到极处，无有他异，只是本然。"有时候，过分认真或专注于一件事情，我们会得到相反的结果。

IMG有一位精力旺盛的女业务代表，负责在高尔夫球及网球场上的新人当中，发掘明日之星。美国西海岸有位年轻的网球选手，特别受她重视，她决定延揽对方加盟本公司。

从此，纵使每天在纽约的办公室要忙上12个小时，她依然不忘时时打电话到加州，关注这位选手受训的情况。他到欧洲比赛时，她也会趁着出差之便，抽空去探望探望，为他打理一切。有好几次，她居然连续一周都未合眼，忙着飞来飞去，追踪这个选手的进步状况，尽管手头还有一大堆积压已久的报告。

一次那位年轻选手参加法国公开赛。按原订日程，这位女业务代表不需出席这项比赛，但是她说服主管，为了保持与那位年轻选手的关系，她应该到场。主管勉强答应，但条件是，她得在出发前把一些紧急公务处理完毕。结果她又是几个晚上没合眼。

抵达巴黎的当日，在一个为选手、新闻界与特别来宾举行的晚宴上，她依旧盯着这位美国选手，并且像个称职的女主人，时时为他引见一些要人。当时是瑞典网球名将柏格独领风骚的年代，他刚好是IMG的客户，又是那名年轻选手的偶像，自然地就介绍他俩认识，柏格正在房间一角与一些欧洲体育记者闲聊，她与年轻选手迎上前去。对方望向这边时，她说："柏格，容我介绍这位……"天哪！她居然忘了自己最得意的这位球员的姓名！

后来，那位年轻选手成了世界名将，但他与IMG再也没有关系。

这位女业务代表的确令人钦佩，如果运气好，碰上一个懂事的小伙子，她的失误也不是什么大的失误，因为在那种情况下，只要小伙子自我介绍一下就没什么问题了，不计较，同样也没有什么事。但她这样不顾一切认真工作，对服务对象过于关注，则总会造成这样那样的错误。

日本作家川端康成自获诺贝尔奖之后，受盛名之累，常被官方、民间，包括电视广告商人等等拉着去做这做那。文人难免天真，不擅应酬，心慈面软，不会推托；做事又过于认真，不懂敷衍，于是陷入忙乱的俗事重围，不知如何解脱，终于自杀，了此一生。报载，川端临终前，曾为筹措笔会经费而心力交瘁，情绪十分低落，这可能是促使他厌世自杀的原因之一。

固然，对一位作家来说，能获得诺贝尔奖，这口井已经算是凿得够深了。但如果他不被卷入使他厌倦不堪的琐事，而能依然宁静度日，以他东方式的丰富的智慧，或许会有更具哲理的创作留传于世。

常有人叹息生活忙乱，负担沉重。

当然，人生有许多推不开的负担，但是，在这些负担中，有很多是没有必要的，由于人太奢求，太求全或太急切反而使自己顾此失彼。

在今日中国的父母与子女之间，经常发生这样的悲剧——父母对子女的过分关注反而引起子女的怨恨与不满，这不能不让人反思，做事还是恰到好处的好。

不要因为自己常被人拉去做这做那，就以为这是表现自己才干或拓展事业的大好机会。一个人的精力有限、时间有限，"能者多劳"，是对于有才干人的赞誉，却也是对他的一种悲悯。在有生之年，把握自己真正的志趣与才能所在，专一地做下去，才能有所成就。

## 物极必反，盛极必衰

> 物极必反，盛极必衰。　　　　　　　　　　——《郁离子》

古人说，权势过高，物极必反，所以要忍权势，不要过分贪恋高官厚禄。权力在握，不是一成不变的，有权应该正确地行使。否则胡作非为，为所欲为，置民生、国家于不顾地争权夺势的人是不会有好下场的。

自古以来官场之上相互倾轧，有因妒忌别人，进谗言害人的；还有贪图利禄，不能全身而退，以至于遭到杀身之祸的；有得到权力，就一朝权在手，便把令来行，为自己谋一己之私利的；有大权在握，不顾百姓死活，乱施暴虐的，这些人都是不能忍权势的，因而也导致了他们自身的败亡。

大凡权势这种东西，对君主有利，对臣子不利；对等级名分有利，对大臣夺权不利。只有不明智的人才把权力揽在自己手中。

西汉的霍去病，是汉武帝时的骠骑将军，攻打匈奴有功劳，他的弟弟霍光做了大司马大将军，受汉武帝的遗托辅佐太子。遗诏上写："只有霍光忠实厚道，可以担当重任。"并让黄门画了周公辅佐周成王，接受诸侯朝拜的图画赏赐给他。他辅佐汉昭帝当政14年。昭帝死，霍光迎接昌邑王刘贺入宫，当了皇帝。刘贺淫逸玩乐，没有节制，霍光废掉了他，又迎立汉武帝的曾孙病已，立为孝宣帝，政权都归霍光，并另有加封。等到霍光死了，孝宣帝才开始亲理朝政。霍光的夫人和她的儿子霍云、霍山、霍禹等谋划废掉太子，事情被发现，霍云、霍山自杀，霍禹被腰斩，霍光夫人和她的几个女儿、兄弟都被杀头示众，家族遭到株连，因此被杀的有几千家。司马迁说："霍光辅佐汉朝皇帝，可以说是很忠诚的，但是却不能保护他的家族，这是为什么？这是因为权威、福分是君主的东西，臣子掌握它，长期不退，很少有不遭到灾祸的。"

司马迁对此评论说："小人的智谋足够完成他的奸计，其勇力足够完成他的暴行，这就是老虎又长上了翅膀。"

西汉萧望之和王仲翁都是由丙吉推荐的。被皇上召见时，正是霍光把持朝政，别的人都攀附他，只有萧望之不攀附霍光，于是不被重用。后来萧望之射策得了甲等，做了郎署小苑东门侯，王仲翁则当了光禄大夫、给事，进进出出，侍从大呼大叫，十分受宠，他回身对萧望之说："你为什么不肯附从众人而宁愿守门呢？"萧望之回答说："人都各自坚守自己的志向。"也就是人各有志的意思。不依附于权贵是忍受权势诱惑的表现。人应该坚守住自己的志向，不为一时的个人权欲所左右，才能真正地忍受权势的引诱，也就逃避了灾难。

权势到手，确实令人振奋，也实在可以令人风光一回，似乎更可以光宗耀祖。但是稍一不慎，大祸临头，权力旁落，后果也就自然连普通百姓都不如，反而给自己和家人带来了极大的灾祸。对于权势不可过贪，应该克制这种占有权势的欲望，不让它盲目膨胀，忍耐住不去落入争权夺利的陷阱，为长远利益着想。

追求名利地位，本来无可非议。立于天地之间，把自己的聪明才智贡献给社会，从中获得社会的公认，而得到名利、地位也是应该的，只是不要单纯为了贪图名利地位而不惜一切地去追求。

名利地位竞争中的忍，就是要不贪权力，不仗势欺人，不妒忌他人的成功，不挑剔别人的不足，严以律己，宽以待人。成功了不自傲，失意了也不妄自菲薄。得宠不得意洋洋，受辱也不惊慌失措。只有这样才能经得住大风大浪的考验，进而战胜艰难困苦，立于不败之地。

## 天然去雕饰，结果自然成

> 善知识，菩提自性，本来清净，但用此心，直了成佛。
> ——《坛经》

《坛经》上认为，人们先天就具有一种觉悟本性，而这种觉悟本性本来就是洁净无瑕、没有蒙受世俗间的尘埃污染的；又言"但用此心，直了成佛"，其实，人们的一切行为都来源于这种本性，一旦依照这种本性处事，得到的结果往往就是成功。

达摩祖师曾经做过一偈，名为《一花开五叶》，说的就是一种遵依本性，结果自然成的境界——

吾本来兹土，传法救迷情。

一花开五叶，结果自然成。

这是昔日达摩祖师给慧可禅师的一首示法偈。当初达摩祖师来东土中国的目的，就是遵从师教，用佛理来通大义，解救迷途的众生。达摩初至建康（今江苏南京）讲说佛理，梁武帝不契，遂渡江北上到少林寺静修。达摩祖师所说的"一花开五叶"，指的是日后中土禅宗分为五宗：临济宗、沩仰宗、曹洞宗、云门宗、法眼宗。到六祖慧能立宗，直宣"教外别传，不立文字，直指人心，见性成佛"的要旨，诚如达摩所言，真正是"结果自然成"。

许多事因为人们刻意地介入而变糟，强调的人治恰恰与事物的本质相抵触，违背了事物本身的客观发展规律。在万物面前，人们应该保持尊重、虔诚的态度，不要硬性地非打上个人的烙印。不必要的机巧和智慧要避免，这样更有利于事物的发展，减少人生的磨难。

东汉时期，新蔡县是一个很穷的地方，每年的朝贡根本交不上来，因此朝廷撤换了多位县令。

吴祐在任新蔡县县令时，有人曾给他出了很多治理百姓的点子，吴祐却无一采纳，他说："现在不是措施不够，而是措施太多了。每一任县令都想有所作为，随意改动新蔡县的制度、法令，将自己的想法强加到百姓身上，百姓都被弄得无所适从了。"

吴祐上任之后不但没有提出新的主张，而且还废除了许多不合理的规章，他召集百姓说："我这个人没有什么本事，凡事要依靠你们自己的努力，只要有利于发展生产的，你们尽可按照自己的方法去做，我不但不干涉，还会想方设法地帮助你们。"

吴祐不干涉百姓的生产生活，又严命下属不许骚扰百姓。闲暇的时候，他整日在县衙中看书写字，十分轻闲。

有人将吴祐的作为报告给了知府，说他不务公事，偷懒放纵。知府于是把他召来，当面责斥他："听说你无所事事，日子过得分外自在，难道这是你应该做的吗？"

吴祐回答说："新蔡县贫穷困顿，只因从前的县令约束太多，才造成今天的这种局面。官府重在引导百姓，取得他们的信任，没有必要凡事躬亲，把一切权力都抓到自己手里。我这样做是要调动他们的积极性，让百姓休养生息，进而达到求治的目的。我想不出一年，你就可以看到效果了。"

一年之后，新蔡县果然面貌一新，粮食有了大幅增长，社会治安也明显好转。知府到新蔡县巡视一遍，对吴祐说："古人说无为而治，今日我是亲眼见到了。从前我错怪了你，现在想来实在惭愧。"

所谓的治理，并不在治而在于理，如何将人们固有的那种本性理顺、理通，能够达到一种结果自然成的状态，自然就会不治而治了。

有一个县太爷，为了教化民心，计划整修县城当中两座比邻的寺庙。公示一经张贴，前来竞标的队伍十分踊跃。经过层层的筛选，最后两组人马中选：一组为工匠，另外一组则为和尚。

县太爷说："各自整修一座庙宇，所需的器材工具，官家全数供应。工程必须在最短的时日完成，整修成绩要加以评比，最后得胜者将给以重赏。"

此时的工匠团队，迫不及待地请领了大批的工具以及五颜六色的油漆彩笔，经过全体员工不眠不休的整修与粉刷之后，整座庙宇顿时恢复了雕龙画栋、金碧辉煌的面貌。

另一方面，却见和尚们只请领了水桶、抹布与肥皂，他们只不过是把原有的庙宇玻璃擦拭明亮而已。

工程结束时，已到了日落时分，正是评比揭晓的关键时刻。这时，天空中所照射下来的落日余晖，恰好把工匠整修过寺庙上的五颜六色辉映在和尚整修过的寺庙上。

霎时，和尚所整修的庙宇，呈现出柔和而不刺眼、宁静而不嘈杂、含蓄而不外显、自然而不做作的高贵气质来，与工匠所整修的眼花缭乱的颜色，呈现出非常强烈的对比。

事实上，寺庙的功能为一个心灵的故乡，是一个净化心灵的场所，太过于华丽铺陈，相反的将失去其真正的功能。依照寺庙本身的样子建造出来的庙宇才能称之为庙宇，倘若用华丽的砖瓦来建造庙宇，那就变成了皇宫而非庙宇了，处事也本该如此。

出水芙蓉之所以被人们广为传颂，还是由于它"天然去雕饰"的美丽，因为它的美丽是天然的、不带任何渲染的。倘若我们处事时能够遵循事物本身的发展规律，事情必然能够圆满成功。

## 缘分不可强求

> 人法地,地法天,天法道,道法自然。　　　　——老子

老子说:"人法地,地法天,天法道,道法自然。"这个"自然"的含义如何呢?答案很简单,"自然"二字,从中国文字学的组合来解释,便要分开来讲,"自"便是自在的本身,"然"是当然如此。老子所说的"自然",是指道的本身就是绝对性的,道是"自然"如此,"自然"便是道,它根本不需要效法谁,道是本来如是,原来如此,所以谓之"自然"。

老子的意思是说,凡事都不可强求,只要顺其自然就好。就连人人渴望得到的缘分也是这样,它是可遇而不可求的。

什么是缘分?没人能说清。缘分就像风一样,它可以随时来,也可以随时散。因为缘分总是飘忽不定的,所以你越是有强烈的要求,它就会离你越远。强求只是一相情愿的事情,到头来才知道那一切不过是和生命开了个玩笑而已。难怪苏轼说,心安处即故乡,不一定生你养你的地方就是你的故乡,那只不过是个具体的物态定义,而抽象的故乡就是精神栖息的地方。

道家主张"无为",即认为一切都应顺其自然,所以缘分的解释就很简单:顺其自然,水到渠成。

从前有个书生,和未婚妻约好在某年某月某日结婚。到那一天,未婚妻却嫁给了别人。书生受此打击,一病不起。家人用尽各种方法都无能为力。

这时,一位游方僧人路过,得知情况,决定点化他。

僧人到他床前,从怀里摸出一面镜子叫书生看。

书生看到茫茫大海,一名遇害的女子一丝不挂地躺在海滩上。

路过一人,看一眼,摇了摇头,走了……

又路过一个人,将衣服脱下,给女尸盖上,走了……

再路过一人,过去,挖了坑,小心翼翼把尸体掩埋了……

疑惑间,画面切换,书生看到自己的未婚妻。洞房花烛,她丈夫掀起盖头的瞬间……

书生不明所以。

僧人解释:那具海滩上的女尸嘛,就是你未婚妻的前世,你是第二个路过的人,曾给过她一件衣服。她今生和你相恋,只为还你一个情。但是她最终要报答一生一世的人,是最后那个把她掩埋的人,那人就是她现在的丈夫。

书生大悟,刷地从床上坐起,病痊愈了!

如果你相信缘分的存在,就应该明白,缘分这东西不可强求,该是你的,早晚是你的。不该是你的,怎么努力也得不到。是聚是散都应随缘。

十万零八千级的阶梯,直入云端。一个年轻人,正在这阶梯上缓缓地蠕动着。仔细一看,三步一拜,九步一叩。想来这年轻人是想以诚意感动上天。

寒冬酷暑，风霜雨雪，丝毫阻止不了他求佛之心。阶梯上留下的是他永不磨灭的痕迹！

时间已过三载，终于，眼前只剩下了最后的三级阶梯，这时天空传来一个声音："年轻人，你历尽艰苦，耗费三载之时，所为何事？"

"我只想求佛赐还我的缘分。"

"你知道你越过了这三级阶梯后你将去往哪里吗？"

"我不知道，我只知道，我的诚心一定能感动佛祖，他定会将我的缘分还与我。"

"如果你越过这三级阶梯后将完结你的人生你也无畏吗？"

"若是如此，我也心甘情愿。"

"那好吧，你上来吧！"

年轻人终于完成了他最后一次叩头，当他抬起头的时候，佛祖就在面前。

"佛祖，我想要回我的缘分。"

"你既信佛，应明了缘分不可强求之理！"

"我之诚意，我所经历如此的磨难，难道无法换回我的缘分么？"

"缘分未至，等待机缘！"

说完这句话后佛祖消失了。可年轻人不甘心，他大喊道："如果你不赐予我缘分，那么我就在这跪求，哪怕100年、1000年！"

10年过去了……

100年过去了……

1000年过去了……

年轻人承受了大自然所有的磨难，可他依然保持着那份执着！

终于有一天，佛祖又出现了。

"年轻人，你始终还是无法参透。缘是天定，分在人为。无相才能着相！明白么？回去吧！"

年轻人回来了，因为他想明白了，1000年的等待，终于等到他想要的缘分！缘分一直就在他身边，只是他没有发现而已。今天，他找到了他的缘分，于是他说："你是我向佛求了1000年求来的。我不会让你再离开我！"

因此有人说：成熟的人不问过去；聪明的人不问现在；豁达的人不问将来。

缘分最是奇妙，缘分的事，任谁也说不准。我们都猜不透，只知道它可遇而不可求。还好，我们都没有强求。

# 九

# 低调做人智慧行事

有人说人生最重要的两件事,一为做人,一为办事。实际上,做人就是在办事,只有做人做得明白,办事才能干净利落,左右逢源。办事的手段有多种,首先要低调做人。以情动人胜于以理服人,开口求人胜于命令他人,以利劝人胜于以势压人。让他人有优越感,有面子,把成功的结果留给自己,这才是真正的智者所为。

## 低姿态才能为自己保留一席之地

高傲的人啊，放低姿态并不是一种错误。　　　　　——佚名

要求得发展，首先应该保全自己，自我保护是立足于世的第一步。然而从古至今，很多人都不懂得自我保护，尤其是一些位高权重、才华横溢、富可敌国之人，被自身耀眼的光芒所迷惑，没有意识到这正是祸害的起始。纵观历史，看历代功臣，能够做到功盖天下而主不疑，位极人臣而众不妒，穷奢极欲而人不非，实在是少之又少。最重要的原因是他们不懂得低调做人，不明白放低姿态才是自我保护的最佳途径。深谙低调行事之道的人，不管位有多高，权有多重，周围有多少妒贤嫉能的人，都能在危机四伏的世界中为自己保留一席之地。

郭子仪是晚唐时期的重臣，他屡立战功，被封为汾阳王之后，王府建在长安。自从王府落成之后，每天都是府门大开，任凭人们自由进出。

有一天，郭子仪帐下的一名将官要调到外地任职，特地来王府辞行。他知道郭子仪府中百无禁忌，就一直走进内宅。恰巧他看见郭子仪的夫人和他的爱女两人正在梳妆打扮，而郭子仪正在一旁侍奉她们，她们一会儿要王爷递手巾，一会儿要他去端水，使唤王爷就好像使唤仆人一样。这位将官当时不敢讥笑，回去后，不免要把这情景讲给他的家人听。于是一传十，十传百，没几天，整个京城的人们都把这件事当作茶余饭后的笑话来谈。

郭子仪的几个儿子听了觉得大丢王爷的面子，他们相约，一起来找父亲，要他下令像别的王府一样，关起大门，不让闲杂人等出入。

一个儿子说："父王您功业显赫，普天下的人都尊敬您，可是您自己却不尊敬自己，不管什么人，您都让他们随意出入内宅。孩儿们认为，即使商朝的贤相伊尹、汉朝的大将霍光也无法做到您这样。"

郭子仪收敛笑容，叫儿子们起来，语重心长地说："我敞开府门，任人进出，不是为了追求浮名虚誉，而是为了自保，为了保全我们的身家性命。"

儿子们一个个都十分惊讶，忙问这其中的道理。

郭子仪叹了口气，说道："你们光看到郭家显赫的地位和声势，没有看到这声势丧失的危险。我爵封汾阳王，没有更大的富贵可求了。月盈而蚀，盛极而衰，这是必然的道理。所以，人们常说急流勇退。可是，眼下朝廷尚要用我，怎肯让我归隐？可以说，我现在是进不得也退不得，在这种情况下，如果我们紧闭大门，不与外面来往，只要有一个人与我郭家结下仇怨，诬陷我们对朝廷怀有二心，就必然会有专门落井下石，妒害贤能的小人从中添油加醋，制造冤案。那时，我们郭家的九族老小都要死无葬身之地了。"

要懂得放低姿态以自我保护，这是一个真理。在社会日益激烈的竞争中，在越来越复杂的人际关系中，要想立于不败之地，除了加强自身修养，提高自身素质之外，还要注意处世方式，而且，低调做人还会让你得到意想不到的收获。

保罗是一个工厂的老板。有一次，生产线上有一个工人喝得酩酊大醉后来上班，吐得到处都是。厂里立刻发生了骚动：一个工人跑过去拿走他的酒瓶，领班又接着把他护送出去。

保罗在外面看到这个工人昏昏沉沉地靠墙坐着，便把他扶进自己的汽车送他回家。这个员工的妻子吓坏了，保罗再三向她表示什么事都没有。"不！史蒂夫不知道，"她说，"老板不许工人在工作时喝醉酒。史蒂夫要失业了。"保罗当时告诉她:"我就是老板,史蒂夫不会失业的。"

回到工厂,保罗对史蒂夫那一组的工人说:"今天在这里发生的不愉快,你们要统统忘掉。史蒂夫明天回来,请你们好好对待他。长期以来他一直是个好工人,我们最好再给他一次机会!"

史蒂夫第二天果真上班了。他酗酒的坏习惯也从此改过来了。

一年后,地区性工会总部派人到保罗的工厂协商有关本地的各种合同时,居然提出一些令人惊讶、很不切实际的要求。这时,沉默寡言,脾气温和的史蒂夫立刻领头号召大家反对。他开始努力奔走,并提醒所有的同事说:"我们从保罗先生那里获得的待遇向来很公平,用不着那些外来人告诉我们应该怎么做。"就这样,他们把那些外来的人打发走了,并且仍像往常一样和气地签订合同。

保罗的低调处理获得了成功,他给了史蒂夫一次机会,史蒂夫回馈了保罗一份事业上的"保险"。这就是低调做人的魅力。

## 低姿态生活,高境界做人

有时,智慧的表现不是因为高智商,而是缘于低姿态。

——佚名

从历史的长河来看,不管我们拥有什么、拥有多少、拥有多久,都只不过是拥有极其短暂的瞬间。人誉我谦,又增一美;自夸自败,又增一毁。无论何时何地，我们都应永远保持一颗谦卑的心。

越是有成就的人，态度越谦虚、越低调；相反的，只有那些浅薄地自以为有所成就的人才会骄傲。美国石油大王洛克菲勒就说："当我从事的石油事业蒸蒸日上时，我晚上睡觉前总会拍拍自己的额角说：'如今你的成就还是微乎其微！以后路途仍多险阻，若稍一失足，就会前功尽弃，切勿让自满的意念侵吞你的脑袋，当心！当心！'"

1860年，林肯作为美国共和党候选人参加总统竞选，他的竞争对手是大富翁道格拉斯。

当时，道格拉斯租用了一列豪华富丽的竞选列车，车后安放了一门礼炮，每到一站，就鸣炮30响，加上乐队奏乐，气派不凡，声势很大。道格拉斯得意洋洋地对大家说："我要让林肯这个乡下佬闻闻我的贵族气味。"

林肯面对这种情形，一点也不在乎，他照样买票乘车，每到一站，就登上朋友们为他准备的耕田用的马拉车，发表了这样的竞选演说："有许多人写信问我有多少财产。其实我只有一个妻子和三个儿子，不过他们都是无价之宝。此外，我还租有一个办公室，室内有办公桌一张，椅子三把，墙角还有一个大书架，书架上的书值得我们每个人一读。我自己既穷又瘦，脸也很长，又不会发福，我实在没有什么可以依靠的，唯一可以信赖的就是你们。"

选举结果大出道格拉斯所料，竟然是林肯获胜，当选为美国总统。

聪明人总是把谦虚与恰当的自我标识有机地结合在一起，并由此而走上通向成功的大道。大智若愚既可以保护自己不受猜忌和伤害，又可以为自己的事业成功创造条件，使自己一鸣惊人。

在秦始皇陵兵马俑博物馆，有尊被称为"镇馆之宝"的跪射俑。这尊跪射俑，它左腿蹲曲，右膝跪地，右足竖起，足尖抵地。上身微左侧，两手在身体右侧一上一下作持弓弩状。秦始皇陵兵马俑坑至今已经出土陶俑1000多尊，除这尊跪射俑外，皆有不同程度的损坏，而

这尊跪射俑保存得最完整，连衣纹、发丝都还清晰可见。这尊跪射俑为什么能保存得如此完整呢？导游解释说，这得益于它的低姿态，或者说是它的"低调"。首先，跪射俑身高只有1.2米，而普通立姿兵马俑的身高都在1.8至1.97米之间。兵马俑坑都是地下坑道式土木结构建筑，当棚顶塌陷、土木俱下时，高大的立姿俑首当其冲，低姿态的跪射俑受损害就小一些。其次，跪射俑作蹲跪姿，重心在下，增强了稳定性。这尊跪射俑的故事告诉我们这样一个道理：在任何情况下都要把自己当成泥土，如果老是将自己当成珍珠，就时时有被埋没的痛苦。这也就是说，在适当的时候保持适当的低姿态，绝不是懦弱和畏缩，而是一种聪明的处世之道，是人生的大智慧、大境界。

保持谦虚态度的人，在人际交往中也会处处受人欢迎，做起事来别人也愿意帮忙。因为在人际交往的世界里，人们大多喜欢聪明、谦让而豁达的人，讨厌那些妄自尊大、高看自己、小看别人的人，这些愚蠢的人最终会使自己在交往中陷入孤立无援的地步。

当然，我们提倡低调做人，并非要你做"老好人"，"事不关己，高高挂起，明知不对，少说为佳；明哲保身，但求无过"……相反，要求我们在原则问题面前去掉怯懦的"老好人"性格，摒弃庸俗的作风，成为一名大智大勇、大慈大悲的大写的人。提倡低调做人，也绝不意味着低沉，意味着因循守旧，而是要振奋精神，脚踏实地，干好每一件工作。自豪而不自满，低调而不低沉，这才是正确的态度。

做人的姿态如何，是判断一个人人格境界的重要标准。一个人在物质方面追求太多，追求享受超出了自己所需，必然会降低自己的人格境界；而有较高人格境界的人，一般不会对物质生活过分讲究。虽然并不是说有较高人生境界，但在物质匮乏情况下，能不能做到超然物外，却能看出一个人的人生境界如何。也许我们不难发现，一个人的物质生活怎样，与他的人格境界关系不大，至少可以说没有必然联系，人格境界也不决定于物质生活是否豪奢。我们看到的却是：由于降低了人格，貌似聪明，实际上十分愚蠢。如果想使自己有较高的人格境界，首先要从对物质生活上的"低姿态"做起。

## 能够把自己压得低低的，那才是真正的尊贵

> 常者皆尽，高者必堕。合会有离，生者皆死。——《贤愚经》

人往高处走，水往低处流，人生总是向上的，这是人们的认识，也是人生的理念，更是众生的普遍心理。

然而事实上，就是这个"人往高处走"的理念，毁了许多人，坑了许多人。客观地讲，人生一世，是不可能总往高处走的，沉浮起落，坎坷挫折，走下坡路的时候是很多的，我们不能不走。这正如《贤愚经》中所说的"常者总要逝灭，高者必然堕落。合会终有离别，有生一定有死。"

有钱人变为没钱人，局长降为处长，老板变成小工，昨天的名人沦为今天的无名鼠辈……诸事不如前的现象每个人都经历过。每当这时，往日的标准都会被大打折扣。由此看来，人生不可能总是守在一个高标准上。高标准本身就是一种完美主义的化身，其中包含着对周围事物的苛求和对自己的苛求，结果是自己累垮了，周围人也受不了。

更何况，人生总有不顺的时候，诸如单位不景气，事业陷入困境，家庭遭受变故……跟随而来的便是内在和外界的标准一同降低

如果这时谁还保持一种高标准的心理期待，还是一味地人往高处走，就会遭遇打击，饱尝痛苦，陷入烦恼的境地。于是，这时降低标准，便成为唯一而正确的人生选择。尤其在当今这个充满竞争的社会，"高标准"往往是靠不住的，极易被动摇。学会降低标准，反而成了人们解决人生难题的一把钥匙。

我们所说的降低标准，并不是要你退缩，更不是要你消极，而是一种心理调适和应对。"人生是不确定的"，外在的事物总在不断地变化，好与坏，顺与不顺，都会接踵而来。不管是在心理上，还是在客观上，过高的标准都会使人时时处处面临着一种高度的威胁。有时候，甚至使人变得灰心丧气，破罐子破摔。

一味地高标准，不但会伤害自己，同时也会伤害别人。现实社会中，许多人之所以不适应新的环境，之所以会痛苦烦恼，就是因为守着一个高标准不放。他们认为自己只能上升，不能下降。因此，高标准在很多时候反而成了极端片面的害人理念。

某公司被兼并了，几百名员工一同下岗，他们一蹶不振，而老李却挽起袖子，到一家小餐馆，做了一名跑堂儿。某企业倒闭了，人们丧气到了极点，老张却在第二天下楼修起了鞋子。老黄是某事业单位的领导，单位解散后，不但官职没了，吃饭也成了问题，他什么也没说，到一家公司做了一个看大门的。

降低标准，不仅要降低生活的标准，还要降低位置，放下架子，抛开面子，甚至还要放弃内心的追求与以往美好的向往。

在人生的许多大逆转中，许多人之所以败下阵来，甚至从此被打败，都是因为不肯降低标准。而那些就此降低标准，放下身份的人，很快又会快乐起来。

由此可见，降低标准，是人生的一种快乐良方。只是这种快乐良方，并不是每个人都能领悟得到的。但纵观我们的一生，不管你是主动的，还是被动的，降低标准却是随时存在着的。降低自己的身份，降低自己的名誉，降低自己的头衔……正像佛家所说的"放下"二字。我们是否能够放下，同样需要英雄般的气概。

肯不肯降低标准，有时反而成了一个人能否生活下去的必要条件。说严重点，很多人都是病在、倒在、败在了这个环节上。

许多伟人，许多大人物，其实都不是一味守着高标准不放的人，而是能在降低标准中完善自己，从头再来的人。为了能够活得好一些，并时时快乐着，降低标准，有时会是我们最明智的选择。

中国式的教育存在着很大的缺陷，它把人教育成了"天天向上"的奴隶，反而让天下很多勇者和才子无所适从。就生活而言，那些懂得降低标准，肯降低标准的人，有时反而成了生活中的大赢家！不但能渡过难关，还能自得其乐。

## "无心恋权"，穷奢极欲也平安

> 荣利之惑于人大矣，其所难居。　　　　　——《韬晦术》

郭子仪是再造大唐的功勋，而且以一身系天下安危达数十年，历史上少有与之比肩者，然而郭子仪却也有另外的一面：穷奢极欲。

唐朝官员的俸禄是很高的，郭子仪数十年出将入相，身居高位，俸禄的收入就已相当可观，而家中子弟也都因他之故得做大官，安享富贵，郭子仪门生部将遍及海内，每年收的礼物就难以计数了，所以当时朝廷因连年征战，国库空虚，皇上也常常愁没有钱用，郭子仪家中却是珍宝堆积如山，府中奴仆就有一千多人，个个穿绸着缎，光彩赫赫，私家之富不单比拟王侯，而且超过天子了。

郭子仪的幕僚中有人见此景象，为郭子仪担心，便劝他说："现在正当艰难之时，国家财用匮乏，军费常常筹措不出，士兵们常常因缺饷而闹哗变，皇上自奉也很俭薄，您却厚自奉养，敛财积货，恐怕有污您的美名，不如把多余的钱财上交国库，或者充作军费，您的功德就更高了。"

郭子仪却笑着摇摇头说："这你就不懂了，安禄山、史思明祸乱天下，朝臣中有识之士就归咎于朝廷没有及时给二人封爵，试想假若安禄山有王公爵位，他就会爱惜它，想把这富贵传给子孙，还会轻易铤而走险吗？我以一点微薄的功劳被封王爵，本来是不相当的，我却坦然居之，不是没有自知之明，而是向朝廷表明我是既贪恋富贵而又安于富贵的人。朝廷所担心的不是大将钱多，而是功名太盛，跋扈不服朝命，甚至造反。我现在功名已至极处，无可复加，如果像你所教我的那样做，皇上反而要疑心我有所图谋了。"

幕僚听了郭子仪的解释后，才恍然大悟，惭愧无语。郭子仪功高盖世，历史上或许只有曾国藩再造大清堪与之相比，然而与郭子仪同时有功名的将帅很多，如仆固怀恩、李光弼等，但都因皇上猜疑，宦官嫉贤妒功，功高不仅不赏，反遭杀身之祸，诸将为求自保，或起兵造反如仆固怀恩，或拥兵自重，不听朝廷号令，如李光弼，都不能与功名相始终，唯有郭子仪一人同样屡遭陷害，却从未对皇上有过二心，终于成为唐朝中兴的社稷之臣，仆固怀恩和李光弼与之相比，真当愧死。

郭子仪一生手握重兵，然而一旦朝廷下令解除兵权，闻命即起身还朝，绝不留恋推搪，以此来消除朝廷对自己的猜疑。有一次被将士们强行挽留在营内，不能回京，郭子仪诡称要出外打猎，连行装也不带，从小道疾回京师复命，硬是以这种恭谨从命的精神打消了朝廷的疑忌。

鱼朝恩恃权仗势，嫉妒郭子仪的功名，有一次竟掘了郭子仪的祖坟。事后自己也知道祸闯大了，担心郭子仪会起兵造反，杀回京城找自己报仇，恐惧不已。郭子仪却单身回朝，在皇上面前痛哭流涕，归咎自己在外带兵无方，将士们多掘他人的坟茔，以致遭此报应，根本不提及追查元凶之事，皇上和鱼朝恩始则忧惧，继之羞愧，也都感服于郭子仪的德量。

郭子仪正是以自己人格的魅力塑造了自己的威名，朝廷倚之为长城，士兵依之为父母，叛将强臣听说郭子仪之名，也无不肃然起敬，躬身下拜，仆固怀恩勾结回纥内侵，郭子仪手中无兵，竟单身直闯敌营；回纥原是听说郭子仪已死，才敢侵犯中原，一见到郭子仪，悚然大惊，和郭子仪签订盟约，撤出中原。一人可挡百万雄师，即便曾国藩也要自叹不如，千古一人而已。

正是因郭子仪可与日月相比的忠心，才能久握重兵而朝廷不疑，位极人臣而无人嫉妒，穷奢极欲而人不非议。

## 低头不是倒下和毁灭

> 天下大勇者，猝然临之而不惊，无故加之而不怒，此其所挟持者甚大，而其去甚远也。
> ——苏轼

加拿大的魁北克有一条南北走向的山谷，山谷没有什么特别之处，然而其令人好奇的是它的西坡长满柘、柏、女贞等树木，而东坡却只有雪松。这一奇异景观是个谜，许多人不明所以，试图找出原因，却一直没有得出令人满意的结论。揭开这个谜的是一对夫妇。

那是1983年的冬天，这对夫妇的婚姻正濒于破裂的边缘。为了重新找回昔日的爱情，他们打算做一次浪漫之旅，如果能找回当年的爱就继续一起生活，如果不能就友好分手。当他们来到这个山谷的时候，正下着鹅毛大雪，他们支起帐篷，望着漫天飞舞的雪花，他们发现由于特殊的风向，东坡的雪总比西坡的雪来得大，来得密。不一会儿，雪松上就落了厚厚的一层雪。不过当雪积到一定的程度，雪松那富有弹性的枝桠就会向下弯曲，直到雪从枝上滑落下去。这样反复地积，反复地弯，反复地落，雪松依然完好无损。可其他的树，如那些柘树，因为没有这个本领，树枝被压断了。西坡由于雪小，总有些树长出来，所以西坡除了雪松，还有柘、柏和女贞之类的树木。

于是妻子对丈夫说："东坡肯定也长过很多杂树，只是由于它们的枝条不善弯曲，所以它们才都被大雪摧毁了。"丈夫点头称是。两人像突然明白了什么似的，相互拥抱在一起。

丈夫兴奋地说："我们揭开了一个谜——对于外界的压力要尽可能地去承受，在承受不了的时候，学会弯曲一下，像雪松一样让一步，这样就不会被压垮。"

低头不是倒下和毁灭，它是人生的一门艺术。

西方一些企业提拔主管的时候会考虑一个人的婚姻状况。因为企业领导认为结婚的人比未婚的人更有责任感。而事实上，是结婚的人比未婚的人更懂得低头。想一想，工作不是和婚姻有很类似的地方吗？一桩婚姻要持久，难道能不学会自己给自己搬梯子，找台阶？要不，真僵住了，一个说"离婚"，另一个说："离就离"，真闹到离了婚，日子就一定好过了吗？工作也是这样，除非是你不想干了，否则老板说你几句，你脖子一拧，"老子不干了"。然后呢？就是"光荣"地下岗、失业。所以，做人不能一味地强硬。

无论是工作还是生活，低头不仅是为了"安定团结"、"家和万事兴",而且潜藏着一种坚持,这种坚持可以被理解为一种坚定的决心——无论如何,我们都要把事情做成;无论如何,我们都要把日子过好。我可以低头,直到实现目标。

当然,你也可以选择不低头,像贝多芬那样,像布鲁诺那样,像许许多多的英雄那样,即使被五马分尸、被绑在火刑架上也不低头,但是那和好日子没有多大关系。生活讲究的是适当地低头,因为"小不忍则乱大谋"。

人生要历经千门万坎,洞开的大门并不完全适合我们的躯体,有时甚至还有人为的障碍,我们可能要不停地碰壁,或伏地而行。若一味地讲"骨气",到头来,不但被成功拒之门外,而且还会被撞得头破血流。学会低头,该低头时就低头,巧妙地穿过人生荆棘。它既是人生进步的一种策略和智慧,也是人生立身处世不可缺少的风度和修养。

苏东坡曾说过:"天下大勇者,猝然临之而不惊,无故加之而不怒,此其所挟持者甚大,而其去甚远也。"这也算得上是对学会低头的另一种注解吧。

## 虚怀若谷,谦虚做人

善为士者不武;善战者不怒;善胜敌者不争;善用人者为之下。
——老子

真正懂得搏击的武士,凭借的是智慧不是武力;真正懂得打仗的将领，凭借的是冷静沉着不是冲动暴躁；常常战胜敌人者，往往不需打仗就胜了；很会运用别人优点的人，对待别人都很谦恭，尊重对方。

谦恭有度，讲的是君子的情操和待人接物的态度。君子待人要谦虚，对待长辈更要恭谦有礼，但也不可谦虚过度，过谦则使人感觉到虚伪狡诈。只有虚怀若谷的态度，才能给人尊敬的印象，敬人者人恒敬之，人们也会对谦虚者抱以尊敬。谦虚是高尚者的情操，修养深厚的表现，圣人君子的操守。

一个人如果太骄傲太自满，物极必反，盛极而衰，最终灾祸临头悔之晚矣。反之，如果太谦虚太礼让，矫揉造作，虚伪狡诈，也会给人留下华而不实的印象，这就是过犹不及的道理。因此谦让要有度，要做到恰如其分。

有一位年轻的学者，为了悟解人生的奥妙，不远千里去拜访一位作家。作家在桌上准备了两只斟满茶水的杯子，然后坐下，开始讲解人生的意义。

这位学者听着听着，觉得其中某些话似曾相识，好像也不是什么高深的理论。于是认为这位作家不过是浪得虚名，骗骗一般凡夫俗子而已。

学者越想越心浮气躁，坐立不安，不但在作家的讲道中不停地插话，甚至轻蔑地说："哦，这个我早就知道了。"

作家并没有出言指责学者的不逊，他只是停了下来，拿起茶壶再次替这位学者斟茶，尽管茶杯里的茶尚有八分满，作家却没有把杯子里的茶倒出，只是不断往茶杯中注入温热的茶水，直到茶水不停地从杯中溢出，流得满地都是。

这位学者见状，连忙提醒作家说："别倒了，根本装不下了。"

作家听了放下茶壶，不温不火地说："是啊！如果你不先把原来的茶水倒干净，又怎么能品尝我现在倒给你的茶呢？"

古往今来，凡是能够建立功业成就功勋的全都是谦虚圆融的人士，那些执拗固执、骄傲自满的人往往与成功无缘。

文王谦虚，渭河之滨访太公，最终成就了周朝八百年的基业；刘备谦虚，三顾茅庐请卧龙，最终天下三分一分归刘。

谦虚的人懂得怎样尊敬别人、包容别人，比如山谷。山谷因为胸怀空阔而罗纳万物，万物生长其间，不受排斥，不受拘禁，自由生长，得到了长久的来自于山谷的给养和尊重，同时山谷间的万物也装饰和点缀了山谷，使山谷变得郁郁葱葱，生机勃发。所谓谦虚礼让，敬人敬己就是这个道理。

做人大忌，就是得意忘形。纵观历史，凡得意忘形者，必没有好下场。

三国中曹操败走华容道，虽然是败军之将，却对诸葛亮的军事才能百般嘲笑，结果全都落入孔明套中，这时才羞惭万分，要不是关羽为报答恩情放他一马，恐怕曹操要死于赤壁的硝烟中。

还有，汉武帝刚刚即位的时候，舅父田蚡掌握大权，不把朝臣放在眼中，忘乎所以，最后连武帝也难以容忍，落了一个疯癫的下场。

有的时候，人们冲破了艰难险阻，经历了千辛万苦，终于把黑暗踩在脚下，迎来了光明的曙光，但却因为得意忘形，又重新跌入黑暗的深渊。得意忘形，会使人丧失最起码的谦虚，更会使人头脑发热，做事情往往没有章法，只凭一时的感觉。

得意忘形是摧毁心智的一把利器。纵使是那些曾经叱咤风云的人物，要是得意忘形了，也会遭遇意想不到的下场。古话说得好："得意者终必失意。"人生在世，无论什么时候都要内敛，学会谦虚。只有谦虚的胸怀，才能有海纳百川的吞吐之势。得意忘形就像海上扬起的风波，即使风波滔天，但在风平浪静之后，大海也要复归沉静。故而，人不能得意，更不能忘乎所以，得意忘形。

## 玩弄机巧，不如向平实处努力

> 你必须以诚待人，别人才会以诚回报。
> ——李嘉诚

曾经流行一个词语叫"包装"，就是把自我宣传好，把缺点掩饰起来，把优点放大。在一个流行社交应酬，盛行宣传、广告、包装的商品时代，"笨人"无疑是可笑的。但实际上人际关系最根本在真，在诚，无论交际的技巧如何熟练，若无善心，工于心计，其处世不会久长，交友不会长久。

宋儒吕本中在《童蒙训》中说，"每事无不端正，则心自正焉"。有了诚心方能办成事。交友、处世首先不是技巧问题，而是诚心问题。所以他认为"凡人为事，须是由衷方可，若矫饰为之，恐不免有变时。任诚而已，虽时有失，亦不复藏使人不知，便改之而已。"这就是说，待人处事不可虚情假意，矫揉造作，言不由衷，口是心非。

低调做人，首先是要学"笨"些，而不是学"精"。就是说多保持一些诚实的东西，少来些虚假的东西，按此法必有大成就。若顺着只重交际技巧，矫揉造作的路子发展，不会有大作为。

人生处世要放远眼光，大智若愚，这是中国先贤们所努力追求的。曾国藩给其弟的信就说明了这点：弟来信自认为属于忠厚老实一类人，我也相信自己是老实人。但只因为世事沧桑看得多了，饱经世故，有时多少用一点机巧诈变，使自己变坏了。实际上因这些机巧诈变之术总不如人家得心应手，徒然让人笑话。使人怀恨，有什么好处呢？这几天静思猛省，不如一心向平实处努力，让自己忠厚老实的本质还我以真实的一面，回复我的本性。贤弟此刻在外，也要尽早回复忠厚老实的本性，千万不要走入机巧诈变那条路，那会越走越卑下。即使别人以巧诈我，我仍旧以淳朴厚实待他，以真诚耿直待他，久而久之，人家有意见也会消解；如一味钩心斗角，互不相让，那么，冤冤相报就不会有终止的时候了。

  曾国藩是最反对人傲气的，他在家书中，指出傲气是人生一大祸害，切要根除。他说，古来谈到因恶德坏事的大致有两条：一是恃才傲物，二是多言。丹朱（尧帝的儿子）不好的地方，就是骄傲和奸巧好讼，也就是多言。遍观历代名公巨卿，很多失德在于一种傲气吧；不太多言，但笔端多少有些近乎巧诈。静时暗中检讨自己的过失，我之处处被人怪罪，其根源亦不外乎这两条。温弟性格大致与我相似，而言辞更为尖刻。凡以傲气凌人，不一定非以言语相加，有以神气凌人的，有以脸色凌人的……大抵心中不能总记着自己的长处，否则就一定会从面容神态上表现出来。从门第看，我的声望大增，正担心会影响到家中子弟；从个人才识看，现今军伍中锻炼出很多人才，我们也没有什么特别超过人家的地方。都不可倚仗。只有兢兢业业，放下架子。把忠信笃敬贯彻到一切言行中，才多少能弥补一些旧时的过失，整顿出新的气象。不然，人人都会讨厌和小看我们了。

  在另一封信中他又讲到这个问题，告诫其弟一定要戒牢骚。他说，在几个弟弟中，温弟先天资质是最好的，只是牢骚太多，性情太懒。以前在京城就不爱读书，又不爱作文。当时我就很担心这一点。最近听说回家以后，还是像过去那样牢骚满腹，有时几个月不提笔作文。我们家如果没有人一个一个相继做出大的成就，其他几

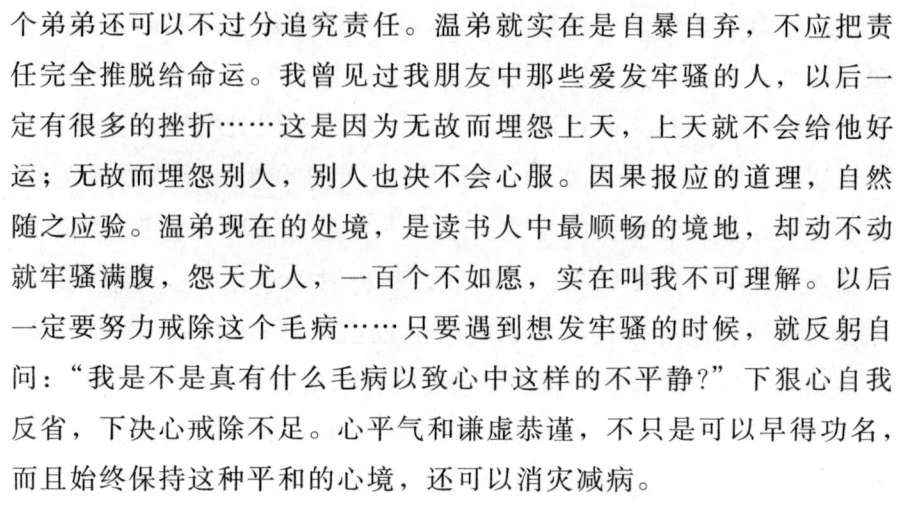

个弟弟还可以不过分追究责任。温弟就实在是自暴自弃，不应把责任完全推脱给命运。我曾见过我朋友中那些爱发牢骚的人，以后一定有很多的挫折……这是因为无故而埋怨上天，上天就不会给他好运；无故而埋怨别人，别人也决不会心服。因果报应的道理，自然随之应验。温弟现在的处境，是读书人中最顺畅的境地，却动不动就牢骚满腹，怨天尤人，一百个不如愿，实在叫我不可理解。以后一定要努力戒除这个毛病……只要遇到想发牢骚的时候，就反躬自问："我是不是真有什么毛病以致心中这样的不平静？"下狠心自我反省，下决心戒除不足。心平气和谦虚恭谨，不只是可以早得功名，而且始终保持这种平和的心境，还可以消灾减病。

盛气凌人也罢，牢骚太盛也罢，都是自傲的一种表现。自傲是人生一大误区。有人认为老实人吃亏，其实都是短视。做人自谦，从个人来说这是最老实的态度，世界之大，无奇不有，个人无论如何神通，也不过宇宙间一粒尘埃而已。更何况山外青山楼外楼，水平高的人多得是，只是你未看见而已。从外人来说，自谦也是最实际的。有些时候夹着尾巴做人不是虚伪而是诚心。

朱熹在给其长子的家信中说："凡事谦恭，不得盛气凌人，自取耻辱。"这就是说自谦招福，自傲招害。《三国演义》中的马谡，纸上谈兵，盛气凌人，结果兵败人亡。所以《颜氏家训》中说："满招损，谦受益。"真是为人之真言。就此而言，尾巴不是夹起来，而是应永远放下来。不是迫于外界而是感于内心。这样做似乎弱些，似乎软些，一时还会让小人得志，其实笑到最后的一定是你。低调人生的高明之处正在于着眼于大处，着眼于长远。一个懂得吃亏的人才能占到真便宜！

# 高步立身，退而处世

立身不高一步立，如尘里振衣，泥中濯足，如何超达？处世不退一步处，如飞蛾投烛，羝羊触藩，如何安乐？　　——《菜根谭》

立身如果不能站在更高的境界，就如同在灰尘中抖衣服，在泥水中洗脚一样，怎么能够做到超凡脱俗呢？为人处世如果不退一步着想，就像飞蛾投入烛火中，公羊用角去抵藩篱一样，怎么会有安乐的生活呢？

卓茂是西汉时宛县人，他的祖父和父亲都当过郡守一级的地方官，自幼他就生活在书香门第中。汉元帝时，卓茂来到首都长安求学，拜在朝廷任博士的江生为师。在老师指点下，他熟读《诗经》、《礼记》和各种历法、数学著作，对人文、地理、天文、历算都很精通。此后，他又对老师江生的思想细加揣摩，在微言大义上下苦功，终于成为一位儒雅的学者。在他所熟悉的师友学弟中，他的性情仁厚是出了名的。他对师长，礼让恭谦；对同乡同窗好友，不论其品行能力如何，都能和睦相处，敬待如宾。卓茂的学识和人品备受称赞，丞相府得知后，特来征召，让他侍奉身居高位的孔光，可见其影响之大。

有一次卓茂赶马车出门，迎面走来一人，那人指着卓茂的马说，这就是他丢失的。卓茂问道："你的马是何时丢失的？"那人答道："有一个多月了。"卓茂心想，这马跟着我已好几年了，那人一定搞错了。尽管如此，卓茂还是笑着解开缰绳把马给了那人，自己拉着车走了。走了几步,又回头对那人说:"如果这不是你的马,希望到丞相府把马还给我。"

过了几天,那人从别的地方找到了他丢失的马,便到丞相府,把卓茂的马还给他,并叩头道歉。

一个人要做到像卓茂那样,的确是不容易的。这种胸怀,不是一时一事就能造就的,它是在长期的熏陶、磨炼中逐渐形成的。俗话说,退一步不为低。能够退得起的人,才能做到不计个人得失,才能站在更高的境界,才能与人和睦相处。

## 不要显得比别人聪明

你只知道一件事,那就是你一无所知。 ——苏格拉底

在历史上,以聪明人自居而招灾惹祸的例子不在少数。如曾帮刘邦打天下立下汗马功劳的韩信,官封淮阴侯,不久就招致了杀身之祸,原因就在于这人自恃有才而锋芒毕露,再加上其功高震主,所以一抓住其"谋反"的借口,刘邦就迫不及待地把他给杀了。另外还有大家耳熟能详的杨修被曹操所杀的故事,都说明了这一点。

英国19世纪政治家查士德斐尔爵士曾经对他的儿子做过这样的教导:"要比别人聪明,但不要告诉人家你比他更聪明。"

苏格拉底在雅典一再告诫他的门徒:"你只知道一件事,那就是你一无所知。"孔老夫子也说:"人不如,而不恨,不亦君子!"

这些话，有一个共同的意思，就是你即使真的很聪明，也不要太出风头，要藏而不露，大智若愚。也就是说，在做人处世中，不要卖弄自己的雕虫小技，不要显得比别人聪明。

世上有一种人很喜欢彰显自己，他们掌握一点本事，就生怕别人不知道，无论在什么人面前都想"露两手"。这种人爱出风头，总想表现自己，对一切都满不在乎，头脑膨胀，忘乎所以。在做人处世中，这种人十个有十个要失败。

那么，在做人处世中应该如何做，才是不卖弄自己的聪明呢？不妨从以下三方面注意：

第一、要在生活枝节问题上学会"随众"，萧规曹随，跟着他人的步履前进。

这种随众附和的做人方法，至少有两大实际意义：其一，社会上的群居生活，需要大家彼此之间的合作。其二，在某些特定情况下，当你茫然不知所措的时候，你该如何是好呢？当然是仿效别人的行为和见解，从而发掘正确的应对办法。

第二、不要让人感觉你比他聪明。

假如说他人有什么过错，无论你采取什么样的方式指出他人的过错：一种不满的腔调、一个蔑视的眼神儿、一个不耐烦的手势，都有可能会给你带来难堪的后果。罗宾森教授在《下决心的过程》一书中说过一段富有启发性的话："人，有时会很自然地改变自己的想法，但是如果有人说他错了，他就会恼火，更加固执己见。人，有时也会毫无根据地形成自己的想法，但是如果有人不同意他的想法，那反而会使他全心全意地去维护自己的想法。不是那些想法本身多么珍贵，而是他的自尊心受到威胁……"

第三、贵办法不贵主张。换言之，就是多一点具体措施，少一些高谈阔论。

比如，企业领导和职员或者朋友，希望你能帮助他办某件事情，你可以拿出一套又一套的方案，第一套方案、第二套方案，总之，你千方百计把问题解决了，这比发表"高见"，不是有意思得多吗？不说空话，而又能干得成实事，你将给人以一种沉稳的成熟者的形象。

在做人处世过程中，不要把他人都看成是一无所知的人。其实，我们周围的人，与你一样，都各有自己的主张。但多数人都不喜欢采纳他人尤其是不认识人的主张，因为这往往会被认为有失身份，有损体面。假如我们把他人都看成是庸才，只有我自己有真知灼见，于是在一个团体内，多发主张，结果被采纳的百分比，恐怕是最低的，并且很有可能是最先被淘汰出局的人。

"聪明"是相对而言的，是对某一具体的方面、具体的人来说的。你在这个人面前很聪明，而在另一个人面前，很有可能就不怎么样。因此，聪明还是不"聪明"并不是什么做人的资本，根本不值得你去卖弄。

## 成全别人的好胜心

> 如果你要得到仇人，就表现得比你的朋友聪明与优越；如果你想得到朋友，就让你的朋友表现得比你自己更聪明优越。
> 
> ——罗西法古

法国哲学家罗西法古说："如果你要得到仇人，就表现得比你的朋友聪明与优越；如果你想得到朋友，就让你的朋友表现得比你自己更聪明优越。"罗西法古毕竟是大哲学家，简单的一句话就精确地道破了人与人之间相处的原则，也掌握住了人们在面对别人的优势与能力时的微妙心理变化，以及这种变化带来的结果。

为什么这样说呢？根据心理学家分析，当自己表现得比朋友更聪明和优越时，朋友就会感到自卑和压抑，相反，如果我们能够收敛与谦虚一点，让朋友感觉到自己比较重要时，他就会对你和颜悦色，也不会对你产生嫉妒了。

亨莉小姐现在是纽约人事局最有人缘的介绍顾问，但是，她也曾经是一个同事们羡慕、嫉妒甚至讨厌的人。原因是，她刚到公司的时候，最喜欢吹嘘自己以前在工作方面的成绩，以及自己的每一个成功的地方。同事们对她的自我吹嘘非常讨厌，尽管她所说的都是千真万确的事实。为此，亨莉小姐很是烦恼了一段时间。

最后，亨莉小姐甚至无法在公司里继续工作了。所以，她不得不向成功学大师拿破仑·希尔请教。拿破仑·希尔在听了她的讲述之后，认真地说："唯一的解决方法，就是隐藏自己的聪明，以及所有优越的地方。"

拿破仑·希尔继而说道："他们之所以不喜欢你，仅仅就是因为你比他们更聪明，或者说你常常拿自己的聪明向他们展示。在他们的眼中，你的行为就是故意炫耀，他们心里难以接受。"亨莉小姐恍然大悟。

她回去后就严格按照拿破仑·希尔的话要求自己，在公司几乎不谈自己的聪明以及那些曾经的成功，相反，她非常认真地倾听公司其他人口若悬河的谈论。很快，公司同事们就改变了对她的态度，慢慢地，她成了公司最有人缘的人。

不要让别人觉得你比他更聪明，这样，你就能得到更多的朋友，还会减少竞争对手，避免与他人不必要的争斗。

比如，他人和你有一样的某种特长，对方和你比赛，你必须让他一步，即使他人的技术敌不过你，你也得让对方获得胜利。但是，并不是一味地退让，一味退让便表现不出你的真实本领，或许会使对方误认为你的技术不太高明，反而引起无足轻重的心理。

因此，你和对方比赛时，应该施展你的相当本领，先造成一个均势之局，使对方得知你并不是一个弱者，进一步再施小技，把他逼得很紧，使他神情紧张，才知道你是个能手，再一步，故意留个破绽，让他突围而出，从劣势转为均势，从均势转为优势，结果把最后的胜利让予对方。对方得到这个胜利，不但耗费很多心力而且危而复安，精神一定相当轻松，对你也有敬佩之心。

不过安排破绽，必须要自然得当，千万不要让对方看出这是你故意使他胜利，否则便感觉你这个人非常的虚伪。所面临的难题，起初你还能以理智自持，比赛到后来，感情一时冲动，好胜心勃发，不肯再作让步，也是经常会出现的事。或在有意无意之间，无论在神情上、语气上、举止上，不免流露出故意让步的意思，那就白费心机了。

生活中往往会有一些人，无理争三分，得理不让人，小肚鸡肠。反之，有一部分人真理在握，不吭不响，得理也让人三分，显得绰约柔顺，君子风度。前者，常常是生活中的不安定因素，后者则具有一种天然的向心力；一个活得叽叽喳喳，一个活得自然潇洒。有理，没理，饶人，不饶人，一般都是在是非场上、论辩之中。如果是重大的或重要的是非问题，自然应当不失原则地论个青红皂白甚至为追求真理而献身。但日常生活中，也包括工作中，常常为一些非原则问题、鸡毛蒜皮的问题争得不亦乐乎，以至于非得决一雌雄才肯罢休。越是这样的人越对甘拜下风的人瞧不顺眼。

时下里流行一句话："玩深沉。"实际上，这种场合玩点深沉正显示了大度绰约的风姿。争强好胜者未必能够掌握真理，而谦和的人，原本就把出人头地看得很淡，更不用谈一点小是小非的争论，根本不值得争雄。假如你有理，却表现得十分谦逊，常常能显示出一个人的胸襟之坦荡、修养之深厚。

# 十

# 由愚化智大智若愚，
# 由拙化巧大巧若拙

古语云：大智若愚，大巧若拙。这句话的大概意思是拥有大智慧的人往往都表现得很愚钝，身手很灵敏的人往往都表现得很笨拙。其实，这是一种境界。人生中适当地"傻"一下是一种美德，也是一种智慧。

# 有所失才能有所得，有所拒才能有所取

> 仁者不忧，智者不惑，勇者不惧。　　　　　　——孔子

孔子说，"仁者不忧，智者不惑，勇者不惧"，内心的强大可以化解人生中很多很多遗憾。

要做到内心强大，一个前提是要看轻身外之物的得与失。太在乎得失的人，被孔子斥为"鄙夫"。鄙夫，意义几乎等同于小人，就是上不得台面的鄙陋的人。

孔子曾经说过，像这样的小人你能让他去谋求国家大事吗？不能。这样的人在没有得到利益时抱怨不能得到，得到了以后又害怕会失去。既然害怕失去，那就会不择手段维护既得利益。

这种患得患失的人，不会有开阔的心胸，不会有坦荡的心境，也不会有真正的勇敢。

大丈夫不论得不得志，皆能恬然处之。孟子说："穷不失义，达不离道。穷不失义，故士得己焉；达不离道，故民不失望焉。古之人，得志，泽加于民；不得志，修身观于世。穷则独善其身，达则兼善天下。"在不得志的时候也不忘记义理，在得志的时候更不违背正道。孟子还认为君子的心志是不会被外界动摇的，只要不做欠缺仁德、违背礼义的事，则纵使有什么突然降临的祸患，也能够坦然以对，不以为祸患了。

孟子本人不仅坐而言，而且早已起而行，达到那种境界了。有一次，公孙丑问他："倘若夫子做到齐国的卿相，得以推行王道政治，则齐国为霸诸侯、称王天下，也就不算什么稀奇事了。可是当您实际担负这项重职时，也能够做到毫不动心的境界吗？"

孟子回答："是的，我四十岁以后就不动心了。"那么，如何才能达到这个境界呢？孟子列举了两个方法，即"我知言"与"我善养吾浩然之气"。

所谓"知言"是指能够理解别人所说的话，同时也能明确地判断。《孟子》中讲，"听到不妥当的话，就知道对方是被私念所蒙蔽；听到放荡的话，就知道对方心里有邪念；听到邪僻的话，就知道对方行事有违反正道的地方；听到闪烁不定的话，就知道对方已经滞碍难行了。"换言之，拥有这种明确的判断力，就不会被那些无关痛痒的小事所愚弄，更不会因而动摇自己的心志了。

第二，"浩然之气"。公孙丑问孟子，何谓浩然之气？孟子说："难言也。其为气也，至大至刚；以直养而无害，则塞于天地之间。其为气也，配义与道，无是馁也。是集义所生者，非义袭而取之也。行有不慊于心，则馁矣。"这段话的大意是，这种气极其广大、刚健，若能对自己所行的正道抱着相当的自信，以这种方法来培养它，就能充塞于天地之间。但它只是配合着道与义而存在的，若缺乏道与义，则浩然之气也就荡然无存了。只有在反复实行道与义时，才能够自然而然地获得。如果仅是偶一为之，就不可能获得。总之，首先要对自己所从事的合乎正道之事抱着坚定的信念，然后才能产生"浩然之气"。

在《论语》中有"孔子绝礼于陈"的故事。孔子带着弟子们周游列国时，在陈卷入政治纠纷中，连吃的东西都没有，连续几天动弹不得。最后，弟子子路忍不住大叫："君子也会遇到这种悲惨的境遇吗？"孔子对于子路的不满视而不见，只是淡淡地回答："人的一生都会有好与坏的境遇，最重要的是处在逆境时如何去排遣它。"

荀子根据这段故事指出："遇不遇者时也。"任何人的一生总会有不遇的时期，无论从事什么工作，都会有和预期相反的结果。长此以往，任何人都不免会产生悲观情绪。然而，人生并不仅有这种不遇的时候。当云散日出时，前途自然光明无量。所以，凡事必须耐心地等待时机的来临，不必惊慌失措。相反，在境遇顺利的时候，无论做什么事都会成功；可是总有一天，不遇的时刻会悄然来临，因此，即使在春风得意之时也不要得意忘形，应该谨慎小心地活着。

我们应采取顺境不骄矜，逆境不颓唐的生活态度。

春秋时期，孔子率学生们出游。

一天，孔子观赏瀑布的景色，见那水流从二三十丈的高处飞泻而下，撞入江中，激起滚滚波涛，直冲出数十里之外，那地方，鱼虾龟鳖都无法生存。

忽然，只见一个男子跳进急流之中，孔子以为那是自寻短见的，便急忙让学生顺着河流去搭救他。不料，这人游出数百步之外，便从水中走出，在河边悠然自得地唱起歌来。

孔子赶上去问他："您能在这种地方游泳，有什么秘诀吗？"那男子回答道："我没有什么秘诀。我凭着人类的本能开始我的生活，依靠人类的适应性而成长，顺其自然而成功。游泳的时候，我同漩流一起潜入水底，随同涌流而浮出水面，完全顺从水性而不凭主观意志从事。这便是我能驾驭汹涌急流的原因。"

孔子又问："什么叫作凭本能开始生活，靠适应性而成长，顺其自然而成功呢？"那男子回答："我生在陆地而安于陆地，这就是本能；长于水上而安于水，这就是适应性；不知道我为什么会这样而结果这样，这就是顺其自然。"孔子点头顿悟。

这个男子能制服汹涌奔腾的急流，畅游其中，得心应手，就因为他不以主观意志从事，而是根据自然法则，尊重客观规律，按着生活的逻辑去办事。人之处事亦应顺其自然，正所谓适应世事适应万物。

有个可以快乐起来的方法，那就是改变我们思考的重心试着去想美好的东西。不是抱怨你的薪水低，而是感激你拥有一份工作；不是期望你能去夏威夷度假，而是想到你家附近亦有乐趣。

一个能够笑看输赢得失的人，他们深信自己和自己的潜能足以实现任何梦想，认为一个成功者周围就必须倒下千万个失败者是不对的，真正有效的成功者只在自己的成功中追求卓越，而不把成功建立在别人的失败上。

如何培养富足之心，笑看输赢得失呢？

（1）赞美孤独

富足之心是宁静的。个性并不害怕孤独，反而赞美它。孤独是个性中最美好的一部分，原本就不存在能不能忍受的问题。

笑看输赢的人总是能够给自己留出时间，享受独处的欢乐，整理往事、展望前程，想象出类拔萃的美好生活。内心贫乏的人，生性急躁，喜欢喧嚣和热闹，一刻也离不开从他人眼中找寻自己赖以生存的保障，独处将备感寂寞，但自身环境却又窄得令人窒息。笑看输赢的人，独自承受个性滋润、修身养性。他享受宁静和孤寂，在反省中看到自身的不足。他总是把自己准备得很充分，再投入步调紧凑的生活中去。

（2）帮助他人而不求回报

笑看输赢的人愿意随时帮助他人，不求名不求利不求回报。他知道内心里献出东西，依旧会从内心里产生出来。他就像自己的一家能源工厂，生产力很高，永远能提供满足。

（3）不自怨自艾

笑看输赢者对损失看得很淡。他相信相对于整体而言，损失的不过是小小的局部。他们不会不能释怀，不会老是对自己怨艾和指责，知道谁都有犯错的时候，他们勇于承认错误，并宽恕自己和他人，他只是采取行动来挽回损失，满心喜悦地做着自己能力范围内的事。

（4）放弃"多多益善"的想法

只要你抱有"多多益善"的想法，认为物质生活"越多越好"，你就永远不会满足。

每当我们得到什么，或达到了某一目标，我们大部分人就会立即将目光转向下一件事。这压制了我们对生活和我们许多幸福的欣赏。

学会满足并不是说你不能、不会或不该想得到比你的财产更多的东西，只是说你的幸福不要依赖于它。你可通过更着眼于现在，而不是太注重你想得到的东西来学会安享现有的一切。

你可以建立起一种新的欣赏你已享有的幸福的思维，以新的眼光看待你的生活，就像是第一次看到它。当你建立起这一新的意识，你将会发现，当新的财产或成就进入你的生活，你的欣赏程度将被提高，而生活将会变得更加快乐。

# 肯舍得才能有获得

处世忘世，超物乐天。　　　　　　　　　　——《菜根谭》

关紧门不跟人说话，嘟着嘴生闷气，锁着眉头胡思乱想，结果心情更坏、更难过，人在心情不好的时候会不自觉地把坏心情抱得更紧。所以，人要学习放下坏心情，拒绝让它折磨才行。

下决心割舍掉坏心情，才能给好心情腾出地方。想要有个好心情，就要从坏心情中解脱，从烦恼的死胡同中走出来。请注意，肯放下心情的包袱，好好检视清楚，看看哪些是事实，把它留下来，设法解决。哪些是垃圾，是给自己制造困扰的想法，要狠下心来，把它抛开，这就能应付自如，带来好心情和清醒的头脑。所以，任何人都应学会放下，放下的同时，学会割舍。

谈到放下与割舍，在《星云禅话》中有一则故事，讲得很生动、很具启发性。这故事大略是，有一位旅者，经过险峻的悬崖，一不小心掉落山谷，情急之下攀抓住崖壁的树枝，上下不得，祈求佛陀慈悲营救，这时佛陀真的出现了，伸出手过来接他，并说："好！现在你把攀住树枝的手放下。"但是旅者执迷不松手，他说："把手一放，势必跌到万丈深渊，粉身碎骨。"旅者这时反而更抓紧树枝，不肯放下。这样一位执迷不悟的人，佛陀也救不了他。坏心情就是紧抓住某个念头，死死握紧，不肯松手去寻找新的机会，发现新的思考空间，所以陷入愁云惨雾中。

其实，人只要肯换个想法，调整一下态度，或者更动一下作息，就能让自己有新的心境。只要我们敢于稍作改变，就能抛开坏心情，迎接新的机会。

有个女人习惯每天愁眉苦脸，小小的事情似乎就能引起烦躁不安、心情紧张。孩子的成绩不好，会令她一整天忧心，先生几句无心的话会让她黯然神伤。她说："几乎每一件事情，都会在我的心中盘踞很久，造成坏心情，影响生活和工作。"有一次，她有个重要的会议，但是沮丧的心情却挥之不去，看看镜子里自己的脸庞，竟然无精打采。她打了电话问朋友，"该怎么做？我的心情沮丧，我的模样憔悴，没有精神，怎么参加重要的会议？"

朋友出主意给她:"把令你沮丧的事放下,洗把脸把无精打采的愁容洗掉,修饰一下仪容以增强自信,想着自己就是得意快乐的人。注意!装成高兴充满自信的样子,你的心情会好起来。很快地你就会谈笑风生,笑容可掬。"她照着去做,当天晚上在电话中告诉朋友说:"我成功地参加这次会议,争取到新的计划和工作。我没想到强装信心,信心真的会来;装着好心情,坏心情自然消失。"人要懂得改变情绪,才能改变思想和行为。思想改变情绪会跟着改变。经常培养好心情,认清坏心情的背后,一定有不少消极思想和情绪,要把它扫地出门。

这里有几则"砍"掉坏情绪的小窍门,不妨照做:

多读励志的书,它能给我们许多改变情绪的方法。

注意我们的仪容。挺直身子,抬起头来,衣着更要端庄。

萎靡不振的表情,是招惹霉运的根本原因。

学习在危机中保持冷静,在紧张时给自己松弛的机会,如运动、静坐、旅行等。

美国加州大学心理学家艾克曼曾做过这样的实验,要受试者装出惊讶、厌恶、忧伤、愤怒、恐惧和快乐等表情,结果发现他们的身心跟着起了变化。当受试者装作害怕时,他们的心跳加速,皮肤温度降低等等,表现其他五种情绪时,也有不同的变化。我们怎么装,心情就怎么改变。确实,即使你装作快乐,忧伤也会离你而去。

# 舍弃眼前的诱惑
# 才有最后的辉煌

见小利，不能立大功。　　　　　　　　　——《菜根谭》

在人的一生中，会经常遇到要为顾全大局而牺牲局部的情况。我们必须不断地权衡轻重得失，以决定牺牲的分量和等级。

为了工作，我们可以牺牲娱乐；为了孩子，我们可以牺牲睡眠；为了保全生命，我们可以抛弃身外之物。但是当我们遇到比生命更宝贵的事物时，则不得不牺牲生命。如果不懂得这一道理，其后果将是不堪设想的。

1846年10月，多纳尔家族一行87人在前往加州的路上被大雪阻隔，他们被困在关口里。40天后，有一半的人陆续死于饥饿和疾病。

最后，终于有两个人决定出去求援。他们在徒步可以到达的范围之内，很快就到达了一个村庄，并带回一个救援队，使其他幸存者得以获救。

你是否觉得好奇，在面临饥饿和死亡的状态下，他们为什么等待了40天，才决定放弃那个地方？为什么没有人愿意冒险出去求援？原因很简单——他们不愿意放弃身边的财产。

他们曾试图把马车和财物拖走，结果搞得筋疲力尽却徒劳无功，只好作罢。就这样任由大雪围困在关口，直到耗尽所有的食物和供给。

想想看，我们是否也经常陷入这种"关卡"呢？由于害怕失去既有的社会地位、丰厚的收入、漂亮的办公室以及握在手中的权力，多少人放弃了新工作的挑战，宁可守着一份并不喜欢的工作，虚度数十年的光阴。当你的生命越是往前走，你就聚积越多的包袱和负担——财产、名位、习惯、人际关系、应该做的、必须做的……不断地增加，于是更加依恋这熟悉的一切，舍不得放下。由于害怕失去拥有的一切，多少人不愿意冒险、恐惧突破，不敢离开那种一成不变的生活，以致平庸无趣地走完一生。

这也就是为什么有那么多人宁可留在熟悉的地狱，也不愿走进陌生的天堂。为何有那么多人把自己困在无形的牢笼内，而无法走出生命中的"多纳尔关口"的原因。

《左传》云："肉食者鄙，未能远谋。"现代医学又早已证明，吃太饱、喝太足会让人萎靡不振。至于那些整日贪图享受的人剩下的只有死路一条，因为他们的血管已经被堵塞，身体已经被掏空。

大名鼎鼎的日本东芝公司在上世纪六七十年代曾有过不良记录，当时经济萧条，日本局势风雨飘摇，偏偏这时，东芝公司高层的某些人不思进取，整日沉溺于酒食，饱食终日，无所用心，业绩一落千丈。高层的行为影响全公司，整个东芝一时弥漫着一股奢靡腐朽的死亡气息。

土光敏夫改革东芝的主要手段便是"撤其酒食"，强行命令下属戒掉贪图享受、不思进取的恶劣风气。东芝由此才又慢慢走上正轨。

此事非常值得中国企业与企业家借鉴，很多人在赚了一笔小钱后马上就去挥霍享受，而没有远大的计划和抱负。不戒除这样的习惯，必无大成就。

# 固执的人不会明白事理，狂妄的人不会通情达理

> 子贡问曰："赐也何如？"子曰："女器也。"曰："何器也？"曰："瑚琏也。"
> ——孔子

子贡是孔子门下的恃才自傲者。他学识渊博，反应敏捷，口才出众，自以为是个全才，也非常希望像宓子贱那样，被孔子肯定为君子。孔子知道子贡有辩才又能尊师，认为子贡以后必成大器。但是他又看到子贡善辩而骄、多智少恕，只能称得上是一块瑚琏。瑚琏是宗庙中一种用来盛粮食的贵重华美的祭器。孔子借此比喻子贡还没有达到高级别的"器"，还需要继续加强修养。

恃才自傲者通常表现为妄自尊大、自命不凡、肆无忌惮、目中无人。只要有机会标榜自己，就会抓住不放地大吹大擂、口出狂言，常会给人一种趾高气扬、傲慢无礼的感觉，仿佛周围人都是一些鼠目寸光、酒囊饭袋之辈，全不把他们放在眼下。这也是人们常说的"狂妄"。

狂妄与骄傲不同。骄傲通常是对自己的长处自吹自擂，自高自大。尽管骄傲也有夸大的虚假成分，即夸大自己的长处，把自己说得花好桃好，但绝不会夸大到肆无忌惮、恣意妄为的程度，也绝不会达到口出狂言、放肆无礼的程度；而狂妄则是骄傲的极端，完全

是目中无人，得意时忘形，不得意时照样忘形。

祢衡是东汉末年的一位名士，很有才华，但也很狂妄。当时，曹操为了扩大自己的势力，急欲招募一些有才能的人为自己效力。求贤若渴的曹操听说祢衡有才，就想将他招为自己的属下。可祢衡却看不起曹操，不仅不肯来，还说了许多不敬的话。曹操知道后虽然十分生气，但因爱惜他的才华，就没有杀他。曹操听说祢衡会击鼓，便强令他到自己的麾下做一名鼓吏。

有一天，曹操大宴宾客，就让祢衡击鼓，并特意为他准备了一套青衣小帽。当祢衡穿着一身布衣来到席间时，侍从官大声呵斥："你既是鼓吏，为什么不换衣服？"

祢衡马上就明白了这是曹操要羞辱自己，于是不慌不忙地脱了外衣，又脱下内衣，最后就当着满堂宾客，一丝不挂地裸身而立，然后才慢慢地换上曹操为他准备的鼓吏装束，击了一通《渔阳三弄》。曹操再三容忍，始终没有发作。

曹操并没有死心，又一次备下盛宴，要召见祢衡，并准备好好款待他。可狂傲的祢衡并不领情，还手执木杖，站在营门外大骂。看到这样的情景，曹操的属下都要求曹操杀了他，曹操这一次也很生气，但为了自己的名声，只得说："我要杀祢衡，就像踩死一只蚂蚁那么容易，只是因为这个人有点虚名，我如果杀了他，天下之人定会以为我不能容他。不如把他送给刘表，看刘表怎么处置他吧！"

刘表当时正做荆州的刺史，他很明白曹操的意图，就是想借他的手除掉祢衡。他也不愿落个杀才士的恶名，不得已，只好将祢衡送给了江夏太守黄祖。

黄祖可不像曹操、刘表那样有心计，他的脾气很暴躁，也不图那种爱才的美名，碰到像祢衡这样的狂妄之人，自然是水火不容。

一次，黄祖在一艘大船上宴请宾客，祢衡出言不逊，黄祖呵斥他，祢衡竟然盯着黄祖的脸说："你整天绷着一张老脸，就像一具行尸走肉，你为什么不让我说话呢？"

黄祖可没曹操那样的雅量，一气之下，便将他斩首了。这就是祢衡狂妄的最终下场。

如祢衡一般狂妄的人，在历史上有很多。三国时期的杨修，是有名的聪明人，但最终落得让曹操"喝刀斧手推出斩之，将首级号令于辕门外"的悲惨结局，究其原因，乃是"为人恃才放旷，数犯曹操之忌"，可以说是"聪明反被聪明误"，空负聪明之名而无智慧；韩信是一个军事天才，也是一个不折不扣的聪明人，但他对为臣之道很不精通，缺少政治智慧，最后落得功成身死。

有些错误是在无知中产生的，还有些错误是由骄傲自大引发的，被胜利冲昏了头脑，评判事物的标尺就会失衡。所以，即便是取得了一定成就的人，也不应该自鸣得意和沾沾自喜。

不论是属于意外的幸运，还是经过长期奋斗终于取得了成功，心中充满巨大的喜悦，以至于一时间欣喜若狂都是可以理解的。因为人生中还有什么比成功更值得高兴的事情呢。但是如果一个人因一次成功，从此就一直这么欣喜若狂自以为高人一等，到处显耀自夸，总是表现出一种优胜者的得意忘形和骄傲自满，人们虽然不至于说他是疯子，大概也绝不会敬佩他，而只会鄙视他。

如果自鸣得意只是一种优胜者良好的自我感觉，而且能以此感觉不停顿地勇敢向前进取，这当然是一种美好的心理状态，在这种心理状态下他可以不断地取得新的成功。但是一般来说，不谦虚的人很难把自己的感觉控制在这个境界。恰恰相反，他只是自以为很了不起，而不知道天外有天，人外有人。

在现实生活中，就不乏"狂妄"者：他对工作和学习都不怎么踏实，工作学习的成绩当然也就比不过那些工作和学习努力踏实的人。但他就是不肯承认自己的错误和缺点，总认为别人花在工作和学习上的时间多，所以成绩比自己好，对别人取得好成绩非但不服

气，反而硬要"狂妄"地认为自己就是比别人强。这种"狂妄"，是完全不正视自己的缺点和错误的"狂妄"，是完全不理智也不现实的"狂妄"，其实质就是"极端盲目的自高自大"。这种"狂妄"无论对我们的工作和学习，都不会有任何好处。在现实生活中，这种"狂妄"者还确实不少，它不但给"狂妄"者自身造成巨大危害，同时也给"狂妄"者周围的人群和团体乃至社会和人民造成巨大危害。这种"狂妄"之危害如此，肯定是要不得的，在我们的灵魂深处不应该有它的位置。

欲成大事，则遇事多思考，全面分析问题，不可自恃聪明，不可轻视每一个对手，不可错过每一个细节，不可放过每一个机会。

面向未来才能实现对自我的超越。那位学识渊博的浮士德所大声宣称的"我永远不能满足自己"，就是一句不断否定自我，不断超越自我的誓言。海德格尔的超越理论对我们也有一定的启迪价值。他在竭力宣扬"亲在"，即"人生在世"、"在世界之中"的前提下，对自我的必然被超越、自我如何被超越做出了深刻的思辨，概括了超越的三条途径——实际上是超越的三个方面，即超越世界、超越他人、超越现实。

如果我们能够把自我放在这样一个不断被拷问、不断被超越的境地，我们就会迎来"一个比一个更美丽动人的自我"，使我们的生命总是呈现为一种全新的状态。这样，一切自鸣得意，骄傲自满和高人一等的情绪就会烟消云散，最后必然能在谦逊中找回自己的坐标。

## 自藏风头保平安

> 聪明人变成了痴愚，是一条最容易上钩的游鱼。因为他凭恃才高学广，看不见自己的狂妄。
> ——莎士比亚

大凡隐居，或身处长街闹市之中，与引车卖浆者为伍，或退居山野林泉，与田夫野老为朋。总而言之是脱离官场，不预朝政。还有一种隐居，名在官场之中，身有隐逸之闲，白居易把这种方式称为"中隐"，他还专门写了一首题名为《中隐》的诗，描述了这种隐居的特点与乐趣：

> 大隐居朝市，小隐入丘樊，
> 不如作中隐，隐在留司官。
> 似出复似处，非忙亦非闲。
> 不劳心与力，又免饥与寒。
> 终岁无公事，随月有俸钱。

白居易晚年，摆脱了繁杂的政务与朝廷中的党派纷争，称病东归，挂了个"太子宾客"的虚衔，退居洛阳。洛阳在唐朝被称为东都，保留有一套与中央朝廷大致相同的行政机构，用来安排一些年老退休的官员。这些人，有官名，拿官俸，却无官责，不插手具体行政事务，终日优游林泉，饮酒赋诗，过着和隐士差不多的生活。

大隐也罢，小隐也罢，都不免有耕种劳作之苦，衣食饥寒之忧，唯有中隐，完全没有真正隐士的那份艰辛，却有着隐士们的逍遥自在，真是一种最美妙的隐居方式。

不过这种"中隐"，也不是白居易的发明，三国时代，东吴的陆喜就曾提出过避祸的两种方式："沉默其体，潜而勿用者，第一也；避尊居卑，禄以代耕者，第二也……"

历代官僚，固然害怕杀头灭门之祸，真让他面朝黄土背朝天，拿起斧头上山砍柴，驾起扁舟下河捕鱼，谁也受不了那份劳苦，于是中隐便成为最好的为官之道。人们常常指责历代官场上有那么多"尸位素餐"、吃着皇粮不干事的人，在他们那一方面，却也有为自己辩护的理由：我是怕犯错误呀！于是，古代中国的官场上便充斥着为拿俸禄而当官、怕犯错误不干事的阶层。

东方朔是汉武帝时代的人，他通晓古今，博览群书，诸子百家、左道旁门，无不知晓。当他最初到长安，为了谋得一官半职而上书朝廷时，竟用了三千枚竹简，需要两个人勉强才能抬得动，汉武帝读了两个月才读完。汉武帝颇赏识他的才华，经常召见他，并赐他酒肉。

可他自入朝以后，对国家大事再也无所建白，反而表现得十分贪鄙。每次赐宴之后，便将剩下的肉揣在怀中带走，皇帝赏赐给他的绸缎，他也连背带扛，全部席卷而去，然后以这些财物，在长安城中娶个漂亮女子，可每娶一妇，只过一年便要离弃，还要从女子那里索回原先给人家的财物，然后再娶一个。

朝中大臣对他颇不以为然，尽称呼他为狂人，并指责他道："先生仰慕古人情操，效法古人行为，读百家之言，著书立说，自以为天下无双。可先生入朝数十年，旷日持久，而官不过一名侍郎，地位不过是皇帝身边一名随从，莫非先生还有什么出色的本领、过人的才华没有表现出来吗？"

东方朔回答:"春秋战国之时,天下分裂,诸侯争霸,得到人才的国家就强盛,失去人才的国家就灭亡。那个时候,有识之士的主张能被国君所接受,计谋能被国君所施行,自己也能得到高官显位,传及后世。可如今就不同了,皇帝圣明,四海臣服,天下统一,政通人和,贤君与庸主都能安于其位。而且以如今天下之大,人才之众,哪能都得到高官厚禄呢?我能做一名侍郎,还算是幸运的呢!古人讲过:'天下没有灾难,虽是圣人也无处施展其才能;政通人和,虽有贤人,也无处立功。'我不过与世浮沉罢了,古时有人避世于深山之中,我呢,却避世于朝廷。既然宫殿之中也可以全身免祸,我又何必藏身于深山茅屋之中呢!"

东方朔的做法是不能令人苟同的,但他的一些见解却颇有见地。沧海横流,方显出英雄本色。"得士者强,失士者亡"的列国纷争时代,是一个急需才智之士的时代,那时国君们也都显得大度,能包容,敢用人。而在国家安定、天下和平的时代,有才有志之士却不能过于崭露锋芒,而是藏头缩尾,隐居避世,这大概是由于此一时也,彼一时也,国君们的心态有了变化的缘故。东方朔不同于范蠡、张良,既不浪迹江湖,也不求仙学道,而是以朝廷为山林,隐身于官场之中,他成功了。在汉武帝那个酷吏横行的时代,他得以全身避祸,其成功的秘诀在于不贪高官,不出风头,自藏锋芒,与世浮沉。

## 君子才华勿太露

一个聪明而富于洞察力的人身上经常隐藏着危险，那是因为他喜欢批评别人。雄辩而学识渊博的人也会遭遇相同的命运，那是因为他暴露了别人的缺点，因此，一个人还是节制为好，即不可处处占上风，而应采取谨慎的处世态度。

——老子

孔子曰："人不知而不愠，不亦君子乎！"可见人不我知，心里老大不高兴，这是人之常情。于是有些人便言语露锋芒，行动也露锋芒，以此引起大家的注意。但更有一些深藏不露的人，好像他们都是庸才，都胸无大志，实际上只是他们不肯在言语上露锋芒，在行动上露锋芒而已。因为他们有所顾忌，言语露锋芒，便要得罪旁人，得罪旁人，旁人便成为阻力，成为破坏者；行动露锋芒，便要惹旁人的妒忌，旁人妒忌，也会成为阻力，成为破坏者。表现本领的机会，不怕没有，只怕把握不牢，只怕做出的成绩，不能使人特别满意。易曰："君子藏器于身，待时而动。"无此器最难，而有此器，却不思无此时，则锋芒对于人，只有害处，不会有益处。额上生角，必触伤别人，不磨平触角，别人必将力折，角被折断，其伤必多。锋芒就是额上的角，既害人，也伤己！

《庄子》中有一句话叫"直木先伐，甘井先竭"。一般所用的木材，多选择挺直的树木来砍伐；水井也是涌出甘甜井水的先干涸。由此观之，人才的选用也是如此。有一些才华横溢、锋芒毕露的人，虽然容易受到重用提拔，可是也容易遭人暗算。

隋代薛道衡，十三岁便能讲《左氏春秋传》。隋文帝时，做内史侍郎。炀帝时任潘州刺史。大业五年，被召还京，上《高祖颂》。炀帝看了颇不高兴，说："不过文辞漂亮而已。"因炀帝自认文才高而傲视天下之士，不想让他们超过自己。御史大夫乘机说道衡自负才气，不听训示，有无君之心。于是炀帝便下令把道衡绞死了。天下人都认为道衡死得冤枉。他不正是太锋芒毕露遭人嫉恨而命丧黄泉的吗？

那么，遇到这种情况怎么办呢？《庄子》中提出"意怠"哲学。"意怠"是一种很会鼓动翅膀的鸟，别的方面毫无出众之处。别的鸟飞，它也跟着飞；傍晚归巢，它也跟着归巢。队伍前进时它从不争先，后退时也从不落后。吃东西时不抢食、不脱队，因此很少受到威胁。表面看来，这种生存方式显得有些保守，但是仔细想想，这样做也许是最可取的。凡事预先留条退路，不过分炫耀自己的才能，这种人才不会犯大错。这是现代高度竞争社会里，看似平庸，但是却能按自己的方式生存的一种最佳办法。

南朝刘宋王僧虔，是东晋王导的孙子。宋文帝时官为太子中庶子，武帝时为尚书令。年纪很轻的时候，僧虔就以善写隶书闻名。宋文帝曾看过他写在扇子上的字，赞叹道："不仅字超过了王献之，风度气质也超过了他。"当时，宋武帝一心想以书法名闻天下，僧虔便不敢露出自己的真迹。故而，常常把字写得很差，因此也平安无事。所以有才华的人必须把保护自己也算作才华之列。

在洛阳有一位男子因与人结怨而处境困难。许多人出面当和事佬，但对方一句话也听不进去，最后只好请郭解出面。为排解纠纷，郭解晚上悄悄地造访对方，耐热心地进行劝服，对方逐渐让步了。

如果换作普通人，一定会为对方的转变而沾沾自喜，但郭解却不同。他对那位接受劝解的人说："我听说你对前几次的调解都不肯接受，这次很荣幸能接受我的调解。不过，身为外地人的我，却压倒本地有名望的人，成功地排解了你们的纠纷，这实在是违背常理。因此，我希望你这次就当作我的调解失败，等到我回去，再由当地有威望的人来调解时才接受，怎么样？"这种做法实在是异于常人，细想起来真是一种使自己免遭众人嫉恨的明智之举。既保护了自己，又留下了为人称道的美名。谁能说郭解不是大智之人呢？比较起来，那些极力显示自己才能的人，不过是小聪明罢了。

《老子·洪德》章说："大巧若拙，大辩若讷。"意思是真正聪明的人，真正有本事的人，虽然有才华学识，但平时像个呆子，不自作聪明；虽然能言善辩，但好像不会讲话一样。无论是初涉世事，还是位居高官，无论是做大事，还是一般人际交往，锋芒切不可毕露。有了才华固然很好，但在合适的时机运用才华而不被或少被人猜忌，避免功高盖主，才算是更大的才华，这种才华对国对家对人对己都有真正的用处。

据《史记》记载，孔子曾经拜访过老子，向他请教礼。老子告诫孔子说："一个聪明而富于洞察力的人身上经常隐藏着危险，那是因为他喜欢批评别人。雄辩而学识渊博的人也会遭遇相同的命运，那是因为他暴露了别人的缺点，因此，一个人还是节制为好，即不可处处占上风，而应采取谨慎的处世态度。"

老子还告诫孔子说："君子盛德，容貌若愚。"这里的盛德是指"卓越的才能"。整句话的意思是，那些才华横溢的人，外表上看与愚鲁笨拙的普通人毫无差别。据《庄子》记载，当杨子去请教老子时，老子也谆谆告诫他不要太盛气凌人，而是要谨言慎行、谦虚待人。无论是谦虚还是谨慎，可能会让有些人觉得是消极被动的生活态度。实际上，倘若一个人能够谦虚诚恳地待人，就会得到别人的好感；若能谨言慎行，更会赢得人们的尊重。

老子还告诫世人："不自见，故明；不自是，故彰；不自伐，故有功；不自矜，故长。"这句话的大意是，一个人不自我表现，反而显得与众不同；一个不自以为是的人，会超出众人；一个不自夸的人会赢得成功；一个不自负的人会不断进步。相反，"自见者不明，自足者不彰，自伐者无功，自夸者不长"。

## 人本是人，不必刻意去做人；世本是世，无须精心去处世

> 君子有三戒：少年之时，血气未定，戒之在色；及其壮也，血气方刚，戒之在斗；及其老也，血气既衰，戒之在得。——孔子

"君子有三种戒忌：少年的时候，血气尚未稳定，要戒女色；到了壮年，血气旺盛刚烈，要戒争斗；到了老年，血气已经衰弱，要戒贪得无厌。"这是我们大家都熟悉的孔子说的一段话，在此他将人生分为三个阶段，对人的慎戒提出了训告。

"欲"是与生俱来的东西。因为有"欲"，生命才得以发展与完善。从这方面说，"欲"之于人的生命起着十分重要积极的作用。但为了让生命能更好地发展，人在本能上又具有张扬生命正当之欲的力量和主动抑制有害之欲的意志，所以，人是朝着美的规律建构自

己的人生。孔子的"三戒"之说，是符合美的规律的，也是人身体、性格规律的总结。少年之时，身心各方面的发育都没有稳定，具有很大的可塑性，主要在戒"色"。孔子这里讲的"色"指女色，男女的性关系和性行为。为什么少年之时要戒色呢？因为少年之时是人身心发展的重要阶段，主要精力和时间应放在学习上。如果过早地沉迷于女色，必定会对学习学业带来不良的影响，也不利于身体的健康成长。

到了壮年，古人以三十岁以上为壮年，身体各方面都发育成熟，此时精力旺盛，生命机能处于最佳状态，好使气、逞能、称雄，有的人往往因为一句话不合己意，就大打出手。结果盛气过后，是伤害，是后悔，是不可挽回的损失。还有的人在事业上运用不正当的手段与对手竞争，并处处打击他人。结果不但自己没有站起来，也没有将对手打倒。古往今来，这类教训实在太多。故壮年之时，关键在于是否善于忍耐，不冲动，不感情用事。

到了老年，身体各方面的机能逐渐衰老、退化，为了健康起见，戒之在"得"。为什么戒之在"得"呢？因为人到了老年应该是该经历的经历了，该得到的得到了，有如平静的大海。比如说一个人的个性相当慷慨，自己就要常常警惕，不要老了反而不能做到。有的人年轻时候仗义疏财，到了老年却一分钱都舍不得花，对权力、事业更是舍不得放手。

《官场现形记》中有这样一个情节：一个当过官的老人，做官上了瘾。久病在床，早就"门前冷落车马稀"了，可是在病危的时候还要过把官瘾。临死时躺在家里床上，已经进入了弥留状态，这时他的心里只有一个意念：还在做官，还要过官瘾。于是两个仆人站在房门口，拿出旧名片来，一个念道："某某官长驾到！"另一人说："老爷欠安，挡驾。"这样演习了几遍他才合上了眼睛。

还有一个老先生，他很有钱，并且偏爱美钞。每天睡觉前，他都要打开保险柜，拿出美钞来数一遍，才能睡着。

由此可见，老年人"戒得"的修养实在是太重要了，岂止是为名为利而已。

我们都知道，生命的成长虽然是个连续不断的过程，但它会呈现一个阶段性。每个阶段都有其特殊的发展任务和危机。只有通过学习，才能顺利度过危机，找到生命的意义。

青少年的成长关键在于高处不胜寒，最需要父母的关怀和师长的理解。所以青少年的学习关键应是立志向学，要能珍视生命，展现活力、追求卓越。

中年人的成长关键在于无怨无悔。为了家庭，即使衣带渐宽，也终不悔恨；为了事业，即使奔波劳累，也在所不惜。所以，中年人的成长关键在于不为名利所惑，并把事业当成乐业。

人过中年，就会突然明白许多道理：不能爱的不要去爱；不该想的不要去想；不可求的千万莫强求；不要说的坚决不说；不会来的永远都不会来。

人过三十，也会变得越来越实际。不温不火成了性格的内里，不急不躁成了生活的外观。中年人满足于比上不足，比下有余。因此很多人都会这样说：中年是理智的年龄。宗白华先生云："人到中年才能深切地体会到人生的意义、责任和问题，反省到人生的究竟，所以哀乐之感得以深沉。"培根也说："感情炽热而情绪敏感的人，往往要在中年以后方能成事。"

老年的成长关键在于回顾来时路，从璀璨归于平淡，好汉不提当年勇；老年的学习关键在于多闻少言，要能多一份修为，少一份炫耀。因此，老年人要舍得，能舍才能得，以回馈的心看待纷繁世事。

人生活在社会里，要无欲无求几乎是不可能的，但怎样才能在社会生活中保持一种良好的心境，的确很难找到答案。中医教导人们的做法是"恬淡虚无"。"恬淡"是指内心安静;"虚无"是指心无杂念。只有心无杂念,抛开一切超越现实的想法,少欲不贪,方能"皆有所愿"。

俗话说:知足常乐。过于追求荣禄得失,贪图名利富贵,就会永无满足的时候,心里永远也就不能平静,就会徒增烦恼。因此,孔子提出的人生三戒可做"恬淡虚无"的处世良方了。

要做到"恬淡虚无"并不容易。一个人如果没有一定的素养,没有良好的心理素质和正确的人生态度,心境难免会被眼前的事物所迷惑。有了高尚的道德情操和良好的修养行为,就会达到"美其食,任其服,乐其俗,高下不相慕"的人生境界了。

人生有三重境界,那就是:看山是山,看水是水;看山不是山,看水不是水;看山还是山,看水还是水。

看山是山,看水是水。这重境界是对于孩子来说的。因为孩子从认识这个世界开始,就是在模仿大人的行为和习惯,你告诉他这是什么,他便认识这是什么,不会故意认错。这就是说,一就是一,二就是二。有一个小故事很能说明这个道理:

一群成年人在举行智力竞赛,主持人出了"7+5等于几"的题目,大家都在想,既然是智力竞赛,就绝对不会出这样简单的题目,结果谁也不敢立即抢答,而是苦苦思索。这时,一个小孩子站起来说等于12,人们都向他投去惊疑的目光。直到主持人宣布答案正确时,人们才收回目光,并责怪自己想得太多了,以至于错过了抢答的机会。

看山不是山,看水不是水。这重境界是对中年人说的,随着年龄的增长,阅历的增多,人们的思想也会变得越来越复杂。这时人们看到的山不再是单纯意义上的山,水也不是单纯意义上的水了,以致出现了许多现代版的"指鹿为马"的故事。甚至有的人站在这山望着那山高,沐浴在这水,又想着那水更纯净,因此欲壑难填,永远都不满足。有些人为名为利为美色活得很累，其实人生苦短，只要活得快乐就行，何苦追求过高甚至不着边际的标准呢？

看山还是山，看水还是水。这重境界是对老年人说的，因为老年人在经历了人生的喜怒哀乐后，心态已经变得随和平淡，对事物的得失也就不会看得那么重了。有的人在退休以后，开始反省自己的前半生，总结自己最后得到了什么。有些人为了实现理想，却牺牲了健康；有些人积累了财富，最后却失去了诚信。

生命是个过程，就像一条河流在不同的阶段会呈现不同景致。孔子的"三戒"说是对生命之树共性的概括，个性的具体描述，体现了哲人的智慧。

有这样一段处世箴言：人本是人，不必刻意去做人；世本是世，无须精心去处世。这就是真正的做人和处世了。

## 能输得起，才能赢得彻底

不敢冒险的人既无骡子又无马；过分冒险的人既丢骡子又丢马。
——拉伯雷

人生亦忌恋战。有些事，大局既已无望了，就要赶快放弃，另谋出路，不可空耗自己，不可空耗一生。有的人碍于面子，而即使注定失败却不愿意认输。

抛弃虚荣心，哪怕降到低一档的地位上，只要能发挥自己的特长，就能干出更大的成就，实现自己的人生价值。

不干可干可不干的事，不做可有可无的人，应是人的基本品格。所以，人要懂得在什么样的情况下学会认输。

学会认输，就是知道自己在摸到一手臭牌时，不要再希望这一盘是赢家；学会认输，就是在陷进泥塘里的时候，知道及时爬起来，远远地离开那个泥塘；学会认输，就是学会承认失败，学会选择与放弃。

用美国投资家贺希哈的话说："不要问我能赢多少，而是问我能输得起多少。"只有输得起的人，才能赢得最后的胜利。贺希哈17岁的时候，开始自己开创事业。他第一次赚大钱的时候，也是他第一次得到教训的时候。那时候，他一共只有255美元。在股票的场外市场做一名掮客。

不到一年，他就发了第一次财，赚取了16.8万美元。他为自己买了第一套像样的衣服，在长岛买了一幢房子。但是，第一次世界大战的休战期来到了，贺希哈聪明得过了头，他以随着和平而来的大减价的价格，买下了隆雷卡瓦那钢铁公司，结果却受到了欺骗，只剩下了4000美元。这一次，他学到了深刻的教训："除非你了解内情，否则，绝对不要买大减价的东西。"

但是他并没有被失败打倒，后来，贺希哈放弃证券的场外交易，去做未列入证券交易所买卖的股票生意。开始，他和别人合资经营，一年以后，他开设了自己的贺希哈证券公司。再后来，贺希哈做了股票掮客的经纪人，每个月可以赚到20万美元的利润。

1936年是贺希哈最冒险，也是最赚钱的一年。早在人们淘金发财的那个年代，成立了一家普莱史顿金矿开采公司。这家公司在一次火灾中焚毁了全部设备，造成了资金短缺，股票跌到不值5美分。有一个叫道格拉斯·雷德的地质学家，知道贺希哈是个思维敏捷的人，就把这件事告诉了他。贺希哈听了以后，拿出 2.5 万美元做试采计划。不到几个月，黄金就挖到了——仅离原来的矿坑 25 英尺。这座金矿，每年给贺希哈带来 250 万美元的净利润。

　　贺希哈懂得认输，输得起，所以才赢得彻底。有的人认为认输很难做到，其实，认输之所以难做到，是因为它看起来就是承认失败。在我们所受的教育里，强者是不认输的。所以我们常被一些高昂而英雄的光彩词语所激励，以不屈不挠、坚定不移的精神和意志坚持到底，永不言输。

　　是的，人需要百折不挠的意志和勇气。但是，奋斗的内涵不仅仅是英雄不言败、不屈不挠和坚定不移，还包括修正目标、调校方位。

　　在死胡同走到底的并不是英雄，死不认输只会毁掉自己。这种人连自己的心结都无法战胜，怎么可能成为强者，成为英雄？

　　人活着有时需要学会认输。认输就是适时的放弃，放弃了才能再做新的，才有机会获得成功。